宇宙起源与太阳系形成

THE ORIGIN OF THE UNIVERSE AND THE FORMATION OF THE SOLAR SYSTEM

主编 孙睿

副主编 姚键 李玲

参编 王琛 尚英 邱纯凯 邢英

顾问（以姓氏拼音为序）

邓正宾 蒋云 李春辉 唐铭

王瑞敏 王文忠 汪在聪 张少兵

张英男

U0156712

北京大学出版社
PEKING UNIVERSITY PRESS

图书在版编目(CIP)数据

　宇宙起源与太阳系形成 / 孙睿主编；姚键，李玲副主编. —— 北京：北京大学出版社，2024.7. —— (中学生地球科学素质培养丛书). —— ISBN 978–7–301–35226–7

　Ⅰ. P159–49

　中国国家版本馆CIP数据核字第2024EX9392号

书　　　名	宇宙起源与太阳系形成
	YUZHOU QIYUAN YU TAIYANGXI XINGCHENG
著作责任者	孙　睿　主编
	姚　键　李　玲　副主编
责 任 编 辑	王树通
标 准 书 号	ISBN 978–7–301–35226–7
出 版 发 行	北京大学出版社
地　　　址	北京市海淀区成府路205号　100871
网　　　址	http://www.pup.cn　　新浪微博:@北京大学出版社
电 子 邮 箱	编辑部 lk2@pup.cn　　总编室 zpup@pup.cn
电　　　话	邮购部 010–62752015　发行部 010–62750672　编辑部 010–62764976
印 刷 者	北京宏伟双华印刷有限公司
经 销 者	新华书店
	730毫米×980毫米　16开本　9.75印张　126千字
	2024年7月第1版　2024年7月第1次印刷
定　　　价	79.00元

丛书编委会

主　　编　金之钧　北京大学

执行主编　沈　冰　北京大学
　　　　　李亚琦　中国地震学会

副主编　唐　铭　北京大学
　　　　　薛进庄　北京大学
　　　　　张志诚　北京大学
　　　　　张铭杰　兰州大学
　　　　　刘红年　南京大学
　　　　　刘海龙　上海交通大学
　　　　　谈树成　云南大学
　　　　　郝记华　中国科学技术大学
　　　　　郭红峰　中国科学院国家天文台
　　　　　殷宗军　中国科学院南京地质古生物研究所
　　　　　柳本立　中国科学院西北生态环境资源研究院
　　　　　代世峰　中国矿业大学（北京）
　　　　　崔　峻　中山大学

编　　委　邓　辉　北京大学
　　　　　董　琳　北京大学
　　　　　贾天依　北京大学

焦维新　　北京大学

李湘庆　　北京大学

宋婉婷　　北京大学

王玲华　　北京大学

王瑞敏　　北京大学

王颖霞　　北京大学

王永刚　　北京大学

闻新宇　　北京大学

吴泰然　　北京大学

熊文涛　　北京大学

岳　汉　　北京大学

周继寒　　北京大学

朱晗宇　　北京大学

陶　霓　　长安大学

李春辉　　成都理工大学

张　磊　　成都理工大学

许德如　　东华理工大学

付　勇　　贵州大学

王　兵　　贵州大学

沈越峰　　合肥工业大学

杨克基　　河北地质大学

高　迪　　河南理工大学

郑德顺　　河南理工大学

田振粮　　南方科技大学

孙旭光　　南京大学

唐朝生　　南京大学

王孝磊　南京大学

罗京佳　南京信息工程大学

蔡闻佳　清华大学

林岩銮　清华大学

毛光周　山东科技大学

马　健　上海交通大学

朱　珠　上海交通大学

刘　静　天津大学

高　航　同济大学

鄢建国　武汉大学

封从军　西北大学

蔡阮鸿　厦门大学

沈忠悦　浙江大学

石许华　浙江大学

许建东　中国地震局地质研究所

周永胜　中国地震局地质研究所

赵志丹　中国地质大学（北京）

江海水　中国地质大学（武汉）

罗根明　中国地质大学（武汉）

王　轶　中国地质大学（武汉）

汪在聪　中国地质大学（武汉）

夏庆霖　中国地质大学（武汉）

张晓静　中国航天科技创新研究院

邓正宾　中国科学技术大学

陆高鹏　中国科学技术大学

王文忠　中国科学技术大学

张少兵　中国科学技术大学

张英男　中国科学技术大学

李雄耀　中国科学院地球化学研究所

何雨旸　中国科学院地质与地球物理研究所

李金华　中国科学院地质与地球物理研究所

李秋立　中国科学院地质与地球物理研究所

赵　亮　中国科学院地质与地球物理研究所

刘建军　中国科学院国家天文台

屈原皋　中国科学院深海科学与工程研究所

蒋　云　中国科学院紫金山天文台

刘　宇　中国矿业大学（北京）

颜瑞雯　中国矿业大学（北京）

郭英海　中国矿业大学（徐州）

史燕青　中国石油大学（北京）

刘　华　中国石油大学（华东）

韩　永　中山大学

郝永强　中山大学

卢绍平　中山大学

张　领　中山大学

张吴明　中山大学

朱丽叶　中山大学

秘　书　崔　莹　北京大学

祁于娜　中国地震学会

丛书序言

地球科学（含行星科学，即地球与行星科学）是研究人类居住的家园——地球的科学，是研究地球物质组成、运动规律和起源演化的一门基础学科，与数学、物理、化学、生物、天文构成了自然科学中的六大基础学科，同时又紧密依靠数学、物理、化学、生物等学科基本原理和方法来认识地球的过去、现在和未来，因此它又是一门交叉学科。地球科学与人类的繁衍生存息息相关。人类社会发展所依赖的能源和矿产资源的探寻，依赖于地球科学对于物质运移和富集规律的研究；解决人类所面临的各种环境问题、气候问题、自然灾害，也需要从地球的运行规律入手来建立科学的防治方案。

进入 21 世纪的今天，人类社会发展与自然环境的矛盾愈发显著，成为科学界与社会共同关注的焦点。应对气候变化和全球治理，不仅是地球科学家需要关注和解决的科学问题，也成为国家间政治博弈和国力角逐的关键点。我国"双碳"目标的提出，体现了我们作为一个负责任大国的担当，这也为当代地球科学家提出了新要求，他们必须从地球自然碳循环（板块运动、火山爆发、海气作用等）和人为碳循环的耦合作用机理入手，建立更加准确的预测模型，以支撑"双碳"目标的实现和国际合作与博弈。对于深海和深地的探索，不光开拓了人类的未知知识领域，也成为解决人类能源资源与矿产资源问题的一个新的增长点。深空探测则将我们的眼光从地球拓展到广袤的宇宙，特别是对于太阳系行星的探测、对地外资源的探测以及寻找并构建第二颗适合人类居住的行星，成为我们深空探测的核心和未来任务。总而言之，地球科学对于人类未来的发展具有重要的意义，因而，对于地球科学人才的培养也是未来发展的重要保障。

从另一个角度来说，提高全民的科学素养是实现中华民族伟大复兴的人才基础；只有全民的科学素养提高了，中华民族才能屹立于世界民族之林。而地球科学则是进行全面科学素养培养的一个重要平台。地球科学提供了诸多人们熟识但又陌生的自然现象，很容易引起人们的兴趣和关注；引导学生主动利用数学、物理、化学、生物等学科基础对这些自然现象进行解释，进而培养学生正确运用科学知识认知世界的能力，这是对现有人才培养过程的有利补充。

中华民族的复兴和未来国家战略计划的开展亟须具备大量科学思维的年轻人，虽然只有很少的一部分最后从事地球与行星科学方面的研究和工作，但地球科学可以提供提高科学素养的土壤。培养国家未来之地球科学拔尖人才则需要从中学（甚至小学）开始进行地球科学的启蒙和素质培养。

地球科学涵盖范围极广，其中包含了7个一级学科（地理学、地质学、地球化学、地球物理学、海洋科学、大气科学、环境科学）。一方面，由于学科发展的历史原因，各学科间尚未形成有效的交叉，这一现象严重阻碍了学科的拓展和人才的培养；另一方面，地球科学与其他基础学科（数学、物理、化学、生物）的结合还有待于进一步加强。基于上述问题，我们组织编写了这套面向中学生的地球科学科普丛书。基于对未来学科发展的预判，服务于国家重大战略需求以及在全民科学素养提升中应起到的作用，本套丛书对地球科学的学科进行整合，围绕地球系统科学、地球圈层与相互作用这一核心，尽可能将现有的学科按照科学问题进行整合，知识体系将不再按照原有的学科体系排布，计划编纂成 14 册，包括：①《宇宙起源与太阳系形成》；②《地月系统起源与地球圈层分异》；③《地球物质基础》；④《大气圈》；⑤《水圈》；⑥《生物圈》；⑦《地球表面过程》；⑧《生物地球化学循环》；⑨《地球气候与全球变化》；⑩《资源与碳中和》；⑪《自然灾害与环境污染》；⑫《行星科学》；⑬《行星宜居性演化》；⑭《地球与行星探测技术》。丛书的科学逻辑从宇宙、太阳系、地球起源和圈层分异开始（第一、二册），然后依次介绍地球的各个圈层（第三至六册）和圈层间的相互作用（第七至九册），在此基础上重点关注了资源能源问题（第十册）、灾害与环境问题（第十一册）、地外行星的行星科学（第十二册），再从时间轴的角度介绍了宜居行星的演化历史（第十三册），最后将科学、技术、工程结合介绍地球与行星的探测技术（第十四册）。

作为一套面向中学生的科普读物，本套丛书重点关注地球科学的科学逻辑和知识体系的连贯，同时尽量做到内容扁平化，旨在培养学生的地球系统观和帮助学生建立较为完整的地球科学知识体系。为了引导学生主动利用"数理化生"基本原理来认识自然现象和理解地球科学的关键科学问题，我们将普遍建立地球科学与其他基础学科的连接，并对一些典型的例子进行深度剖析和数值解译，进而建立与更高层次（大学生）人才培养的衔接。

本套丛书由北京大学地球与空间科学学院牵头，中国地震学会深度参与，组织了来自全国 30 多所高校和科研院所的近百位专家学者构成丛书编委会。丛书编委会通过认真研讨，将地球科学的各个不同分支进行了学科整合和知识框架的整理，并编写了深入细化的科学提纲；在此基础上，委托 10 余所中学的教师组织编写团队，编写团队依照提纲进行内容的具体编写，各中学编写团队由涵盖物理、化学、生物、地理方向的至少 5 位老师组成，以期实现跨学科交叉；来自北京大学的博士研究生助理负责编写过程中科学问题的解疑和初稿的审定及修改；丛书编委会专家对书稿进行最终审定、修改并定稿。

希望本套丛书的出版能够对提高全民的科学素养有所裨益，成为爱好地球科学大众的入门读物，更期待有更多的地球科学爱好者学习地球科学知识，认识地球演化规律，共同保护地球——人类赖以生存的共同家园！

中国科学院院士

俄罗斯科学院外籍院士

北京大学地球与空间科学学院博雅讲席教授

2024 年 7 月 5 日于北京大学朗润园

本书作者介绍

孙睿

山东省青岛第九中学、第三十七中学校长，正高级教师。齐鲁名校长、山东省优秀教育工作者、青岛市劳动模范、市拔尖人才、市政府特殊津贴专家。著有《新人文教育的"一千零一夜"》《红色贵州，砥砺前行》等书作。

姚键

山东省青岛第九中学正高级教师，全国地球科学奥赛"优秀指导教师奖"，地球科学奥赛金牌教练，青岛市地球科学奥赛首席教练员。山东省优秀中学地理教育工作者，济南市学科带头人，主持和参与多项国家级和省级教科研课题。

李玲

山东省青岛第九中学地理教师，毕业于华中师范大学城市与环境科学学院，地球科学奥赛优秀指导教师。曾荣获青岛市信息技术与学科融合优质课比赛一等奖，山东省新媒体、新技术中小学创新课堂教学实践交流展示活动一等奖，第十二届全国中小学创新课堂教学实践观摩活动三等奖。

王琛

山东省青岛第九中学化学教师，中共党员，毕业于华中师范大学。曾获山东省实验说课大赛二等奖、青岛市实验技能大赛一等奖，制作的《有机化学的结构与性质》微课被收录于高中化学教材配套教学资源库。

尚英

　　山东省青岛第九中学物理教师，曾获青岛市"一师一优课，一课一名师"一等奖，基础教育精品课等奖项，开设青岛市公开课，主持青岛市课题，多次在各级刊物发表学术论文，参与编写物理类书籍。

邱纯凯

　　山东省青岛第九中学物理教师、班主任，毕业于陕西师范大学物理学与信息技术学院。山东省魅力教师，青岛市尖兵教师。

邢英

山东省青岛第九中学思政课教师，中共党员，多次开设省、市级公开课，曾获山东省"一师一优课，一课一名师"一等奖；在《中学政治教学参考》《思想政治课教学》等全国中文核心期刊发表论文30余篇；山东省高中生辩论赛优秀指导教师，全国青少年模拟政协展示活动优秀指导教师。

内容简介

　　本书详细介绍了地球起源与演化、太阳系化学元素合成与行星形成过程。自古以来，人类就对浩瀚的星空充满了好奇——宇宙如何诞生？星辰如何出现？银河系和地球为什么是现在这样？思考这些问题的同时，人类重新认识了自己在宇宙中的位置，也重新认识了文明的意义。

　　本书以专业翔实的语言、举重若轻的风格，向读者介绍宇宙星辰的奥秘。以宇宙的时间初始为起点，从大爆炸到元素的诞生，再到行星的形成，本书串联了135亿年演进的关键知识，将一部精彩宏大的宇宙史娓娓道来。

目录 Contents

第 1 章　宇宙大爆炸与元素的形成

1.1　宇宙大爆炸 2

　　1.1.1　宇宙大爆炸假说 2

　　1.1.2　宇宙年龄 12

　　1.1.3　超新星爆发与恒星演化 16

1.2　元素的形成 34

　　1.2.1　元素的核合成 34

　　1.2.2　元素丰度的奇偶数效应 48

第 2 章　太阳系形成：分子云（星云）坍缩假说

2.1　太阳系原始星云盘的形成 59

2.2　太阳系早期元素的冷凝（元素挥发性） 63

2.3 行星盘化学分异 67

 2.3.1 太阳系元素分布规律 68

 2.3.2 太阳系元素分布特点 70

2.4 陨石 73

 2.4.1 陨石的发现历史 73

 2.4.2 陨石的研究意义 74

 2.4.3 陨石的分类 75

 2.4.4 球粒陨石 76

 2.4.5 原始无球粒陨石 80

 2.4.6 无球粒陨石 80

2.5 太阳系 / 地球的年龄 84

 2.5.1 关于地球年龄的争论 84

 2.5.2 放射性元素衰变定年法 86

 2.5.3 陨石确定地球 "零点" 87

 2.5.4 克莱尔·卡梅伦·帕特森

   ——发现地球年龄的人 89

第 3 章　吸积过程与行星形成

3.1 基本概念 92

 3.1.1 星子 92

 3.1.2 行星胚胎 97

 3.1.3 类地行星、类木行星、小行星带 102

3.2 行星形成假说 118

　　　　3.2.1　NICE 模型 118

　　　　3.2.2　类地行星的形成 119

　　　　3.2.3　气态行星的形成 121

　　3.3　地球形成与后增薄层假说 124

　　　　3.3.1　后增薄层假说的主要内容 124

　　　　3.3.2　后增薄层假说的证据 125

参考文献 132

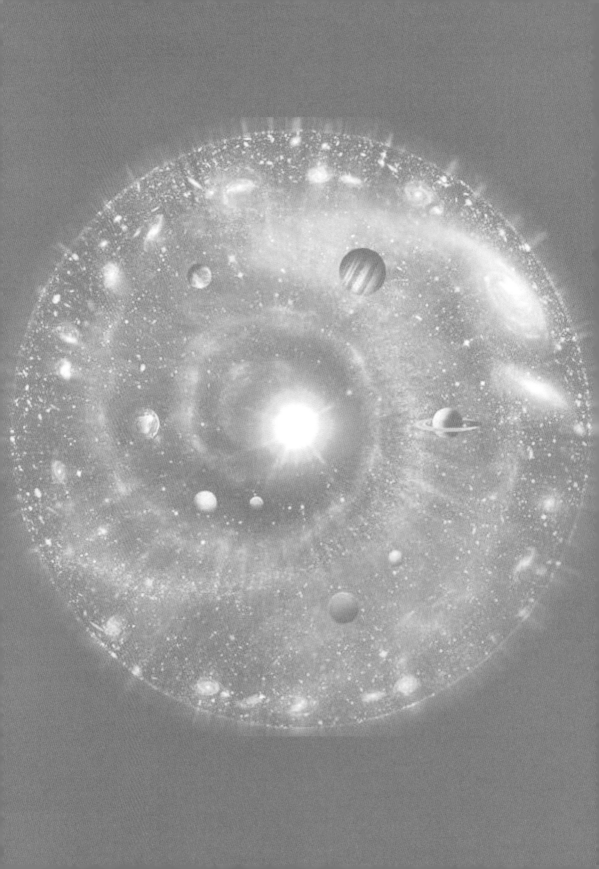

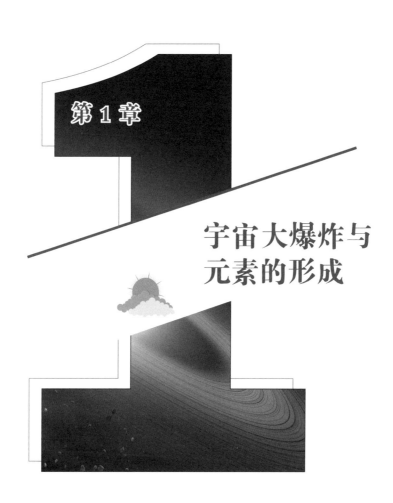

第 1 章

宇宙大爆炸与元素的形成

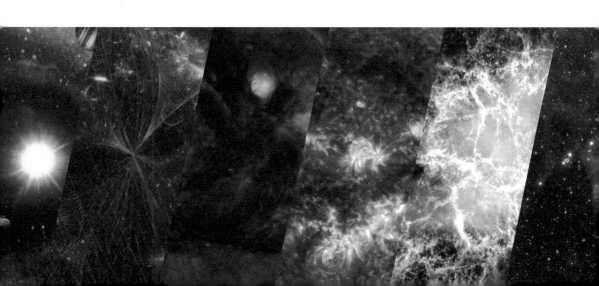

1.1 宇宙大爆炸
Big Bang

• 1.1.1 宇宙大爆炸假说

18 世纪前，从地心说到日心说，人类的眼界始终没有突破太阳系，即把太阳系看作整个宇宙。而进入 18 世纪后，随着生产力和科学技术的发展，人类的认知早已突破了狭小的太阳系乃至银河系，投向浩瀚的宇宙空间。现在的宇宙论表明，宇宙是从 135 亿年前超高温超高压的"火球"（奇点）中大爆发而来。这个大爆发就是所谓的宇宙大爆炸（Big Bang）理论。经过长期发展、反复证明，宇宙大爆炸理论已经从早期的猜想，发展到具有天文学物理证据的科学模型。

宇宙是从超高温超高压的状态中开始发展的，现在也在持续地膨胀发展中。按照宇宙大爆炸理论，宇宙物质和形态的演化经历了漫长的过程，其中有几个重要的时间段：①宇宙大爆炸后的 10^{-36} s 至 $10^{-33} \sim 10^{-32}$ s 时期，发生了第一次暴涨，宇宙膨胀了 10^{26} 倍，称为"宇宙的暴涨阶段"。大爆炸后 10^{-12} s，质子和中子逐渐形成，其他中微子、夸克等粒子也开始稳定下来。大爆炸后 $10^{-4} \sim 10^{-2}$ s，星球冷却到 10^{12} K，宇宙的温度和密度不断下降，体系中以最基本的物质，如电子、中子、质子、中微子等为主。②宇宙大爆炸 3 min 后，温度降到 10^9 K，这时各种原始粒子开始结合形成最基本的原子核——氢、氦以及微量的锂，确定了宇宙的基本成分。③宇宙大爆炸 38 万年后，宇宙不断膨胀导致温度和密度下降，温度降到 3000 K，粒子逐步冷却下来形成了原子、分子，如电子和氢核、氦核结合形成氢原子、氦原子。电子减少后光子也可以自由传播而不再发生散射，宇宙变得透明，这些光子最终红移到微波波段，成为今天观测到的宇宙"微波背景辐射"，仿佛是一张宇宙诞生 40 多万年时的纪念照。④早期宇宙的物质基本是均匀分布的，就在大爆炸接近 4 亿年时，相邻的星云在引力作用下逐渐聚集、凝结形成恒星，恒星的发光结束了长久的"黑暗时代"。⑤在宇宙诞生后 3 亿～4 亿年，宇宙中第一个星系形成，此时温度已经下降到 –200 ℃。135 亿年后的今天，温度约为 –270 ℃，恒星、星系、星系团大量出现，演变成如今的宇宙（图 1-1）。

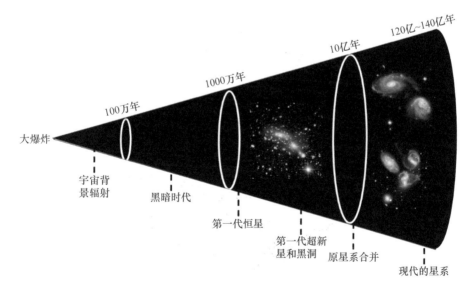

图 1-1 宇宙大爆炸模型下宇宙的演化

宇宙大爆炸模型经历了漫长的发展演化过程。从牛顿和爱因斯坦的"静态的宇宙"模型到弗里德曼的"膨胀的宇宙"模型,人类对宇宙的认识在不断地更新和修正。这些认识不仅依赖于天文学的观测,也与数学和物理学科的发展密切相关。

1.1.1.1 静态的宇宙

直到 19 世纪初,科学家们设想了很多模型,都认为宇宙是永恒不变的,没有起源或开端。首先是牛顿的"无限均匀的宇宙模型"。牛顿认为,如果宇宙是有限的,它的天体数量也有限,那么这些天体之间就会因为引力而收缩;如果宇宙空间是无限的话,那么有着无限天体分布的宇宙就是一个静态的宇宙(图 1-2)。在他的理论中,时间和空间是绝对的、无限的、静止不动的,绝对时间是永远流逝的,空间和时间都永无止境,不存在起源问题。

图 1-2 静态的宇宙

1917年，爱因斯坦提出了有限无界的静态宇宙模型，即宇宙是有限但没有边的，是一个类似球体的三维空间，时间是无始无终的（图1-3）。随着观察视角的变化，三维空间也会发生变形，有时候看起来像个球，只要视角发生变化，这个空间就会变化。

图 1-3　有限无界的宇宙模型

爱因斯坦指出宇宙的性质不随时间而改变，并提出了宇宙常数，表现为一种斥力，以抵消宇宙重力（万有引力）的作用，维持了稳定的宇宙存在。若假定宇宙中物质的分布松散，解引力场方程可得出爱因斯坦的静态宇宙模型如下：

$$ds^2 = \frac{dr^2}{1 - r^2/R^2} + r^2 \left(d\theta^2 + \sin^2\theta d\varphi^2 \right) - c^2 dt^2,$$

式中，r，θ，φ 为球极坐标；t 为宇宙时间；R 为宇宙半径；c 为真空中的光速。由此建立的模型是一个有限无界的封闭宇宙，宇宙半径 R 和宇宙常数 Λ 的关

系是 $\Lambda=1/R^2$。宇宙空间体积是 $2\pi^2R^3$。若用 ρ 表示宇宙物质平均密度，宇宙总质量就等于 $2\pi^2R^3\rho$。

1.1.1.2 动态的宇宙

1922 年，基于爱因斯坦提出的有限无界的静态宇宙模型，苏联数学家亚历山大·弗里德曼在解爱因斯坦引力场方程时，得到了三个均匀和各向同性的通解，这三个通解反映了宇宙是在膨胀的，这便是著名的"弗里德曼宇宙模型"（图 1-4）。该模型显示宇宙从某一点开始膨胀，到一定时候将停止膨胀，并转为收缩。与爱因斯坦的静态宇宙模型不同的是，在这个模型里，抵消宇宙重力（万有引力）的并不是宇宙常数（斥力），而是宇宙的自身膨胀抵消了宇宙重力。弗里德曼因此成为用数学方式提出宇宙模型的第一人。

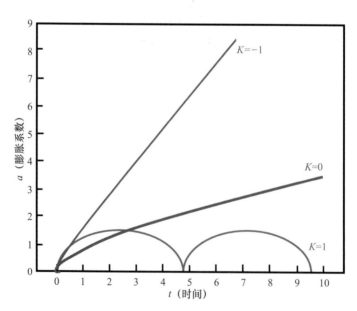

图 1-4　以物质为主的弗里德曼宇宙模型

1927 年，比利时天文学家勒梅特基于天文观测，发表了爱因斯坦场方程的一个严格解，这个解后来被称为弗里德曼 – 勒梅特 – 罗伯逊 – 沃尔克度规。勒梅特提出原始宇宙是一个极端高温、极端压缩状态的"原始原子"，在一场大爆炸中诞生了现在的宇宙。该观点进一步解释了弗里德曼宇宙模型，认为我们的宇宙是在整体膨胀、慢慢冷却的状态下诞生的。在勒梅特的模型中，宇宙常数有加速宇宙膨胀的作用。

随着天文观测技术的发展，宇宙大爆炸理论获得了多方证据的支持，也逐渐演变成科学系统的理论模型。

（1）哈勃 – 勒梅特定律

根据万有引力定律，宇宙中普遍存在的引力会让星系相互靠近。然而，观测表明大部分星系却在相对于银河系退行。1929 年，美国天文学家埃德温·哈勃（Edwin Hubble）根据星系谱线红移的现象，对河外星系的视向速度与距离的关系进行了研究，哈勃得出了视向速度与距离之间大致的正比关系（图 1-5）。也就是说，星系都在远离我们而去，而且距离越远，退行的速度越快。由于勒梅特也曾发表过关于星系距离与退行速度的关系的学说，因此宇宙膨胀法则被称为"哈勃 – 勒梅特定律"。星系退行事实表明宇宙空间结构在膨胀，宇宙中的星系不会被引力吸引到一起，而是会被互相拉开。如果现在的宇宙是膨胀后的结果，曾经的宇宙必然会更小更密。如果追溯到时间开端，宇宙中的所有东西，就连空间本身，都会集中在一个无穷小的奇点之中。"哈勃 – 勒梅特定律"成了宇宙大爆炸理论的第一个强有力的证据。

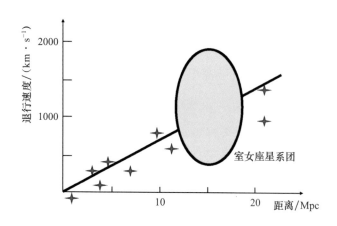

图 1-5 哈勃定律

注：MPC 为百万秒差距，1 秒差距为 3.26 光年

（2）元素生成理论

哈勃-勒梅特定律提出后，引起了宇宙膨胀说和稳恒态宇宙说的激烈争论，这场争论直到 20 世纪 60 年代，因为宇宙元素丰度的测定才逐渐停止。1948 年，美国物理学家伽莫夫提出了重要的宇宙起源和元素生成理论。他认为在宇宙爆炸之初的几分钟里，爆炸产生的物质向四面八方抛射，随着宇宙温度下降，原始火球里的中子在放射性衰变过程中逐渐转变为电子、质子，质子和中子聚变为氢和氦，氦由质子和中子组成，而氢只有质子，最后形成宇宙的元素比就是 1 个氢核比 3 个氦核。这项推算，与宇宙中25% 为氦、73% 为氢的观测结果完全一致。之后 20 年，天文学界逐渐认可元素生成理论，宇宙大爆炸学说也由此成为一种严密的理论并被学界普遍认可（详见本书 1.2 节）。

（3）宇宙微波背景辐射

如果宇宙起源于炽热、致密的奇点，发生过大爆炸的早期宇宙必然非常热。倘若早期宇宙处于高温状态，即便经过上百亿年的空间膨胀和冷却，这些热量也不会消失。美国普林斯顿大学的宇宙学家詹姆斯·皮布尔斯（James Peebles）等人预测，现在的宇宙中还残留着高于绝对零度至几摄氏度的背景辐射，可以在微波波段探测到。1964年，美国贝尔实验室的罗伯特·威尔逊（Robert Wilson）和阿尔诺·彭齐亚斯（Arno Penzias）两位射电天文学家意外发现了一种各向同性的辐射信号（图1-6）。皮布尔斯等人很快意识到，这个信号就是他们此前所预言的宇宙微波背景辐射。发现宇宙微波背景辐射的威尔逊和彭齐亚斯在1978年获得诺贝尔物理学奖，而皮布尔斯在2019年获得诺贝尔物理学奖。

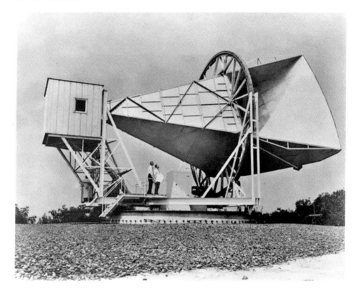

图1-6 彭齐亚斯和威尔逊发现宇宙微波背景辐射使用的喇叭形天线

图片来源：NASA（美国航空航天局）

观测表明，宇宙微波背景辐射十分均匀，无论朝着哪个方向观测，都会接收到相同的背景辐射，温度大约为 2.725 K，它们是来自宇宙年龄为 38 万年时的宇宙第一缕曙光。背景辐射中存在大约百万分之五的温度涨落，这种极其轻微的不均匀性最终引发了星系、星系团等大尺度结构的形成。继威尔逊和彭齐亚斯发现宇宙微波背景辐射后，NASA 发射了"宇宙背景探索者"，欧洲航天局（ESA）发射了普朗克卫星，这两颗卫星相继探测到宇宙微波背景辐射。根据普朗克卫星在 2013 年传回的数据绘制的最高分辨率的宇宙微波背景辐射图，是迄今最精确的反映宇宙诞生初期情形的全景图（图 1–7）。宇宙微波背景辐射表明，早期宇宙处于高温、高密度状态，这是宇宙大爆炸的另一大独立证据。

−300 μK   +300 μK

图 1–7　根据普朗克卫星传回的数据绘制的最高分辨率宇宙微波背景辐射图
图片来源：ESA/NASA/JPL–Caltech

拓展阅读

NASA 建造的太空望远镜拍到了 135 亿年前的早期宇宙

NASA 公布了詹姆斯·韦伯太空望远镜拍到的第一组图像（图 1-8）。这张令世界为之震撼的图片，显示了令人眼花缭乱、前所未见的星际云图，既有刚诞生的恒星，也有垂死的恒星。

值得一提的是，图片中所展示的部分星际云团来自 2 亿光年至 135 亿光年以外的地方，这意味着我们现在所看到的图片呈现的是它们最早在 135 亿年前发出的光。

图 1-8 韦伯太空望远镜拍到的第一组图像
图片来源：NASA

• 1.1.2 宇宙年龄

确定宇宙的年龄对于了解宇宙演化历史是一个至关重要的问题，也是一件极其困难的事情。人类历史不过 600 万年，如何计算远远超出人类历史的宇宙年龄？科学家手边并没有现成的"宇宙钟"来指示时间，他们只能去寻找带有宇宙年龄信息的蛛丝马迹。天文学界主要采用计算宇宙的膨胀率以及测量最古老恒星的年龄来估算宇宙年龄。根据上述方法，宇宙的年龄约为 138 亿年。

1.1.2.1 计算宇宙膨胀率

根据各种观测数据，宇宙在膨胀是被学界普遍认可的事情。假如能知道宇宙从开始到现在一共膨胀了多少倍，以及在这期间具体的膨胀速度，那么就能算出它一共花费的时间。宇宙的膨胀速度主要反映在天体远离我们的速度上，也叫宇宙退行速度。距离我们越远的天体，退行速度越快。

如何知道天体的退行速度是研究的关键。科学家们研究发现，利用发出的光的红移可以判断天体的退行速度。出现红移现象，说明要么这些天体主动在远离我们，即多普勒红移（图 1-9），要么便是它周围存在强大的引力作用，即引力红移（图 1-10）。从科学角度讲，宇宙中的天体并没有主动运动的情况，也不存在特殊的引力作用，所以只能是外界原因导致的天体之间距离变大，那可能的解释就是宇宙空间在膨胀，即"宇宙学红移"。严格意义上来讲，宇宙学红移并不是多普勒红移，因为星系的后退并不是真正意义上的运动，只是空间本身在变化而已，是空间让它们之间的间隔越来越大。所以通过红移现象可以用公式计算出星系之间的距离，这也为人类探索宇宙带来诸多便利。通过红移的大小，便可以计算出这个天体距离我们的远近。

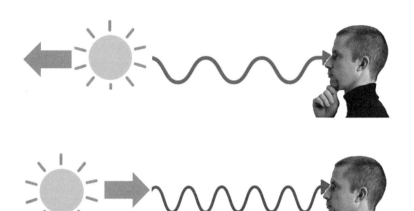

图 1-9 多普勒红移

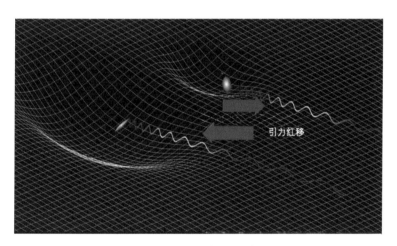

图 1-10 引力红移

　　要想求出空间膨胀速度，还有一个重要的参数——哈勃参数。利用弗里德曼方程进行复杂换算，便知道哈勃参数会随红移如何变化，相当于知道了宇宙在各个时期的膨胀速度。如今宇宙膨胀速度对应的哈勃参数就是哈勃常数。哈勃常数虽然叫常数，但就宇宙时间尺度来说并不是完全不变的，它更多的是在宇宙各处空间的一致性。哈勃常数出现之后，计算宇宙年龄变得简单多了。

哈勃常数是表明星系退行速度随距离而变的变量，假设宇宙退行速度，即宇宙膨胀速度是常数 H_0，则知道给定星系的距离，此距离除以宇宙退行速度便是该星系到达地球的时间，也就是宇宙年龄。

$$宇宙年龄（时间）= \frac{星系距离}{星系退行速度} = \frac{1}{H_0}$$

按照 H_0=50 km/（s·Mpc）计算，宇宙年龄为 196 亿年；若按 H_0=65 km/（s·Mpc），则宇宙年龄约为 150 亿年，所以精确计算哈勃常数是计算宇宙年龄的关键。目前天文学界普遍认为宇宙的演化年龄有 140 亿～200 亿年。2012 年 12 月 20 日，NASA 通过威尔金森微波各向异性探测器（WMAP）拍摄宇宙微波背景辐射，最终得到哈勃常数的值为 69.32±0.80 km/（s·Mpc），由此估算出宇宙年龄为 137.5 亿年。

 拓展阅读

威尔金森微波各向异性探测器

2001 年 6 月 30 日，德尔塔 Ⅱ 7425–10 型火箭托举着宇宙微波探测器在美国佛罗里达州发射升空。该探测器被命名为威尔金森微波各向异性探测器（图 1-11），被发射到第二拉格朗日点（图 1-12）上，这是距离地球 $1.5×10^6$ km 远的、太阳与地球的引力平衡点。这个特殊的位置使得探测器永远处于地球的背影中。

图 1-11　威尔金森微波各向异性探测器

图片来源：NASA

因为威尔金森微波各向异性探测器绕 L2 轨道运转一周需要 6 个月的时间，所以探测器每 6 个月进行一次全天扫描。威尔金森微波各向异性探测器测到的全天各向异性数据，要传送回地球，需要经过复杂的数据校准和数据处理，形成我们容易观看的彩色地图，图上任何一点记载着对应的天空方向上的温度变化。

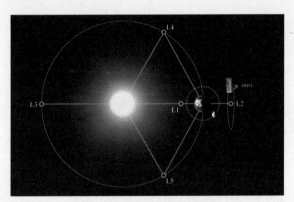

图 1-12　第二拉格朗日点

威尔金森微波各向异性探测器用 9 年时间探测识别到宇宙微波背景辐射温度的差异，测量出至今最精确的宇宙年龄 137.5 亿年，确定宇宙是由重子物质、暗物质和暗能量组成的。

1.1.2.2 测量最古老恒星的年龄

宇宙的形成与恒星的出现密不可分，因此尽可能寻找最古老的恒星，并对其年龄进行测量，是对宇宙年龄的一个最小有效约束。有的天文学家选择白矮星进行测量。白矮星是恒星的缩小残余物，先找到最微弱的，也就是最古老的白矮星，再估计它们已经冷却的时间，从而估算出宇宙的最小年龄。科学家通过对白矮星进行编目和测量，得出宇宙年龄约为120亿年。也有的天文学家通过观察球状星团中最明亮的恒星来确定宇宙年龄。欧洲航天局通过观察主序带上最亮的恒星的亮度与温度图的趋势，研究出许多最古老的恒星的年龄约为130亿年，这些恒星几乎不含任何比氢和氦重的元素，是最早形成的天体之一。

近年来，也有弗里德曼、皮布尔斯等尝试通过观察造父变星的光变，重新测算宇宙年龄。造父变星是变星的一种，是一类高光度周期性脉动变星，也就是其亮度随时间呈周期性变化，它的光变周期（亮度变化一周的时间）与它的光度成正比，因此可用于测量星际和星系际的距离。今后，为了正确估算宇宙年龄，天文学家将要进一步证实暗能量的存在，以及暗物质是否具有可以与普通物质相比拟的密度，此外还需要详细了解大尺度宇宙空间的结构分布。

• 1.1.3 超新星爆发与恒星演化

恒星是不会永久存在的，每一颗恒星都有其诞生、发展和最终消亡的过程。恒星的寿命取决于它的质量。质量较小的主序星会慢慢耗尽它的燃料，最后变成一颗白矮星；质量较大的恒星会经过内部核聚变反应剧烈爆炸，变成超新星，并产生中子星和黑洞。超新星形成之后，星体中的一部分物质会扩散到太空，这种物质可能成为星云的组成部分，星云尔后会紧缩形成一颗新的恒星（图 1-13）。

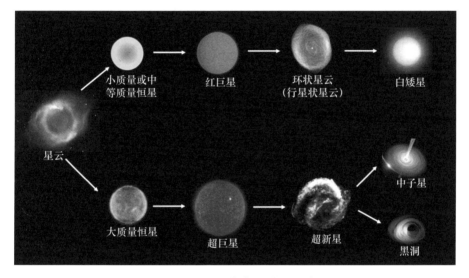

图 1-13　恒星演化过程图解

1.1.3.1　赫罗图和恒星演化

赫罗图，是指恒星的光谱类型与光度之间的关系图（图 1-14）。图中"绝对星等"是指恒星的亮度，数值越小越亮；光谱型是恒星的温度分类系统。依照恒星光谱的类型，把恒星分成 O、B、A、F、G、K 和 M 等类型，每个光谱都可进一步分为数字亚型，范围从 0 到 9，更大的数字表示更低能的光谱和更红的颜色。在数字后面加上罗马数字或字母表示恒星演化阶段，如太阳光谱型 G2V。

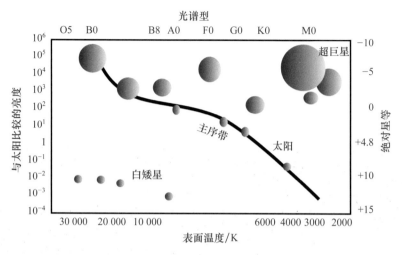

图 1-14 赫罗图

依据恒星质量,恒星演化周期,即其生命周期从几百万年到万亿年不等。所有的恒星都诞生于气体和尘埃云的坍缩,通常被称为星云。在数百万年的过程中,这些原恒星慢慢稳定到平衡状态,成为主序星。在这段时间内,向内的引力与向外的压力相互抵消(图 1-15),所以恒星不会出现太大的变化。太阳就是由一颗超新星爆炸出来的星云演变而来的。

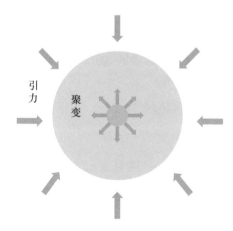

图 1-15 恒星引力和压力图解

随着氢的消耗，主序星开始发生热核反应，核心区内的氢开始聚变为氦，推动外包层受热膨胀，使恒星体积很快增大千倍以上，而表面温度下降。这时，恒星演化到红巨星阶段，标志着恒星已进入暮年时期。大质量恒星演化到红巨星时，会发生氦猛烈燃烧的"氦闪"现象，星体再次膨胀成为红超巨星。恒星演化到晚期都要损失一部分质量，然后走向生命的终点。不同质量的恒星损失质量的形式不同，因而恒星的归宿也不同。

像太阳这样小质量的恒星，当恒星核中的氢耗尽以后，热能仍然继续不断地从恒星中心泄漏出来，恒星核附近壳层内的氢开始燃烧，恒星核继续收缩。在后期脉动过程中外层与核心分开，恒星的外层渐渐扩张，通过质量抛射，形成行星状星云。后期行星状星云内部密度急剧增加，成为白矮星，白矮星逐渐失去热量变成黑矮星，这便是小质量恒星的归宿。

大质量的红超巨星演变到晚年，氦核会聚变成碳核，整个星体向内坍缩，碳核因受猛烈压缩而温度剧升，碳核聚变为更重的原子核，星体发生大爆炸，这就是超新星爆发。超新星爆发时星体发生灾难性的大坍缩，外壳物质被抛向四面八方，并携带出巨大的能量，其核心成为致密星。如果致密星的质量大于 1.4 个太阳质量，小于 3.2 个太阳质量，将成为中子星。若是超新星爆发后核心的质量超过 3.2 个太阳质量，则恒星将继续收缩下去，最终成为黑洞。

（1）主序星

　　主序星是在赫罗图主序带上的恒星。当原始恒星中心的温度达到 $1×10^7$ K 左右时，氢核聚变为氦核的热核反应持续发生。由于热核反应产生的巨大辐射能使恒星内部压力增强到足以和引力相抗衡，恒星进入一个相对稳定的时期，达到完全的流体静力学平衡状态，这个时期的恒星称为主序星。原恒星与主序星的区别就是恒星内部是否有持续发生的热核反应。一般来说，恒星质量越大，氢消耗得越快，待在主序带的时间越短。太阳目前是一颗主序星（图 1-16），正处于恒星生命周期的中壮年期，根据恒星演化模型，太阳还将在主序带上停留 45 亿～50 亿年，然后步入老年，体积膨胀，离开主序带进入红巨星区域。

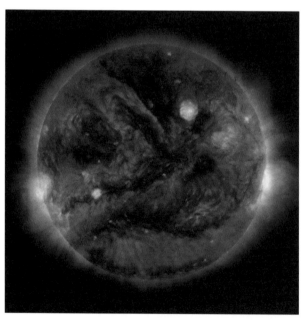

图 1-16　主序星（太阳）
图片来源：NASA

（2）红巨星

当一颗恒星度过它漫长的青壮年期——主序星阶段，进入老年期时，恒星内部核中氢逐渐耗尽，核心聚合形成大量氦，氢在燃烧中离开核心，在核心周围形成燃烧的壳。红巨星阶段根据恒星质量的不同，历时数百年至上亿年不等。红巨星体积非常大，例如著名红超巨星参宿四的体积是太阳的 7 亿多倍。在赫罗图上，红巨星是巨大的非主序星，光谱属于 K 或 M 型。之所以叫红巨星，是因为看起来颜色是红色的，体积又非常大。如金牛座的毕宿五和牧夫座的大角星是红巨星，猎户座的参宿四则是红超巨星（图 1-17）。

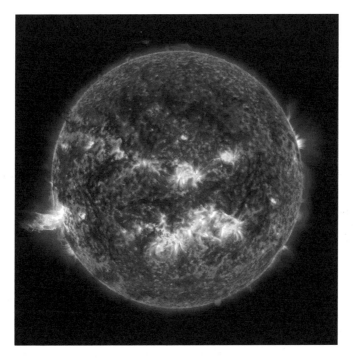

图 1-17　红超巨星
图片来源：NASA

（3）白矮星

当红巨星的辐射压力不能平衡引力，外部向外膨胀并不断变冷，而内部氦核受引力作用收缩坍塌，被压缩的物质不断变热，最终内核温度将超过 $1 \times 10^8 \, ℃$，于是开始发生氦核聚变，氦逐渐聚变为铍、碳和氧，由于此过程均有 α 粒子（氦核）参与反应，因此这个过程也被称为 3α 过程。3α 过程的三个反应温度相近，几乎同时开始，而反应时铍作为反应物逐渐消耗，剩下的氧和碳则组成了一个新的核。倘若恒星的质量不足以压缩内核使之达到发生碳核聚变的温度，那么内核停止燃烧，在引力的作用下继续收缩，直到出现向外的电子简并压来平衡引力。内核由此便形成了一颗白矮星（图 1-18）。与此同时，外核在惯性的作用下不断膨胀，最终与内核白矮星脱离，若在白矮星强烈的紫外线辐射下发光，那么便形成了行星状星云。事实上，小质量恒星的演化并不简单是这个过程，可谓一波三折，例如本章 1.2.1.1 中就详细介绍了此过程中的氦闪现象。

图 1-18　白矮星
图片来源：NASA

（4）中子星

恒星演化到末期，会经由重力坍缩发生超新星爆炸（详见本书 1.1.3.2），而质量没有达到可以形成黑洞的恒星在寿命终结时，会坍缩形成一种介于白矮星和黑洞之间的星体，这就是中子星（图 1-19）。中子星是除黑洞外密度最大的星体，其密度远大于地球上任何物质密度。所有的脉冲星都是中子星，但中子星不一定是脉冲星，有脉冲才算是脉冲星。天文学上，两颗中子星结合或者一颗中子星与黑洞结合引起的大爆炸称为千新星。美国航空航天局曾成功观测到了碲等重元素的存在，由此合理猜测，碲附近的其他元素如碘也可能存在于千新星的爆炸喷射物中。

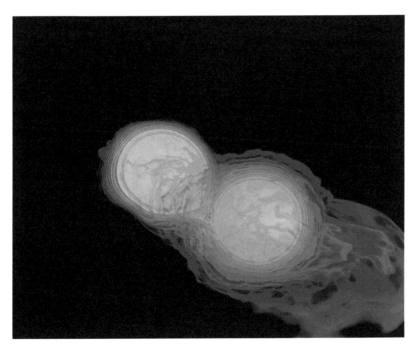

图 1-19 中子星
图片来源：NASA

（5）黑洞

恒星黑洞是最常见的黑洞。当一颗质量足够大的恒星耗尽了核心内的氢和氦燃料，它就会开始向外膨胀，并在外层形成一个普遍被称为"红巨星"的大气层。这个过程通常需要几十亿年。当红巨星最终耗尽所有的燃料时，它的核心会在极端的压力下坍缩成一个极度紧凑、极度密集的物质球。这种球体能把自己周围的光和其他物质全都吸引过来，任何接近它的物质都会被它吞没，就像掉进了无底洞。所以人们是看不到黑洞的存在的，只是有很多间接的观测事实表明可能存在黑洞（图1-20）。黑洞的质量没有上限，最小的黑洞质量大约等于3倍的太阳质量，而太阳质量为 $2×10^{30}$ kg。就我们目前的估算来看，仅在银河系中就有1亿个黑洞，而在宇宙中拥有数千亿个银河系大小的星系。我们对宇宙的探索才刚刚起步而已，随着技术和科学的进步，我们会了解到更多关于黑洞和宇宙的秘密。

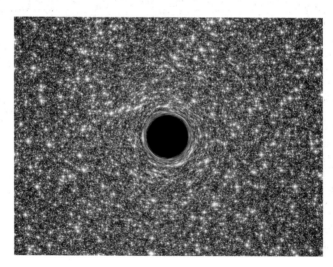

图1-20 黑洞
图片来源：NASA

（6）超新星

超新星是一种极其罕见的天文现象，它是指一颗普通恒星在其生命周期末期突然释放出巨大能量，使星光亮度急剧增强，然后缓慢衰减的过程。迄今为止，人类已经观测到了许多超新星遗迹，如蟹状星云等。这些遗迹为我们了解超新星爆发的物理过程提供了宝贵信息。超新星爆发产生的能量和物质对星系的演化具有重要作用。一方面，超新星释放的能量可能对恒星形成产生影响。由于超新星爆发释放出巨大能量，周围的气体可能受到压缩，从而诱发恒星的形成。另一方面，超新星抛射的物质则有助于星际气体的循环（图1-21）。

图1-21 超新星
图片来源：NASA

1.1.3.2　超新星的分类

有时，在黑暗的天空背景上，会突然出现一颗前所未见的星星。在中国古代天象记录中称为"客星"。现代研究表明，这并不是新诞生的恒星，而是演化到晚期的恒星，原先因为亮度小而肉眼看不见，演化到晚期后内部大爆发，短时间内亮度剧烈增加。超新星的光变幅度在 1～2 天内可达到 14～20 星等，相当于光度增强数百万倍至上十亿倍，然后在几年到几十年内慢慢减弱。

超新星根据其光谱内谱线成分的不同，可分为Ⅰ型和Ⅱ型两类。Ⅰ型超新星在爆发前是一颗晚期恒星，氢已经所剩无几，以致在成为超新星后氢光谱线非常微弱。Ⅰ型超新星爆发光度在达到极大以后，在几十天内迅速下降，而后缓慢下降。Ⅰ型超新星又分为 Ia 型（无氢、有硅），Ib 型（有氦、硅）和 Ic 型（无氦、硅），而它们的共同特点是都几乎不含氢。Ⅱ型超新星的前身星质量非常大，恒星核心里的氢经过核聚变成为氦，经过一系列反应生成铁的核心（详见 1.2 节）。这个铁核会突然坍缩，在不到 1 s 的时间内，核心的电子与质子结合形成大量的中子和中微子。在星核坍缩的过程中，大量能量释放出来形成大爆炸并变成超新星。Ⅱ型超新星的光度达到极大后，在数天内迅速下降，后来出现光度几乎不变的平台期，数月后光度又缓慢下降（图 1-22）。

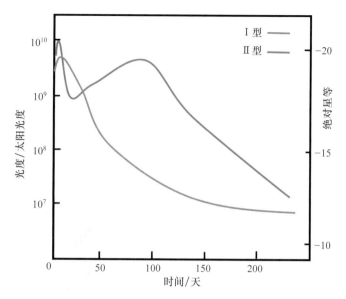

图 1-22　两类超新星的光变曲线

根据现有的认识，超新星爆发是宇宙中重元素生成的主要途径之一。在超新星爆发过程中，恒星内部的核反应使得轻元素转化为重元素，同时释放出大量的中子。这些中子与其他原子核发生中子俘获反应，形成更重的元素。因此，超新星爆发对宇宙中的元素丰度分布产生重要影响。目前许多重元素（比铁重的元素）只能在超新星爆发阶段形成。比如典型的 ^{26}Al 的形成，^{26}Al 是一个半衰期仅为 0.717 Ma（百万年）的核素，形成方式为超新星核合成，由于其半衰期极短，形成后便很快消失了。^{26}Al 衰变会放射 1.808 MeV 的伽马射线，1984 年 NASA 的 HEAO-3 卫星探测到银河系中心有大量的 1.808 MeV 的伽马射线。

拓展阅读

著名的超新星

超新星的命名有其固定的格式：在 SN（超新星）后加上发现的年份，再加上大写的英文字母表示发现的顺序，若发现的数目超过 26 颗，则用小写英文字母。如 SN1987A 是 1987 年发现的第一颗超新星，SN2001a 是 2001 年发现的第 27 颗超新星。

在中国古代天象记录中，曾出现过 9 次超新星爆发，最著名的是 1054 年的超新星。《宋会要》记载："至和元年五月，（客星）晨出东方，守天关。昼见如太白，芒角四出，色赤白，凡见二十三日。" 宋朝 1054 年的这次超新星爆发持续了 23 天，超新星像金星那样明亮。随着观测手段的进步，目前在金牛座附近观测到的蟹状星云（图 1-23）就是 900 多年前我们祖先发现的超新星的遗迹。

图 1-23　蟹状星云的图像
图片来源：NASA

现代天文学家也在不断地观测超新星爆发，随着观测手段的进步，观测到的超新星数量也在增多。1604 年 10 月 9 日，蛇夫座的一颗超新星被德国天文学家开普勒（J. Kepler）观测到。这是迄今为止银河系最后一颗被发现的超新星，视星等为 –2.5 等，距离地球 6000 光年。

另一颗重要的超新星为 1987 年 2 月 24 日加拿大天文学家伊恩·希尔顿（Ian Shelton）在麦哲伦星云中发现的"SN1987A"（图 1-24）。因为离地球很近，SN1987A 是 400 年来第一颗肉眼能看到的超新星爆发，也是 20 世纪重要的天文事件。在 SN1987A 爆发前 3 小时，位于日本、美国、苏联的 3 个中微子探测器一共探测到 24 个中微子，这是历史上首次直接探测到由超新星产生的中微子，标志着中微子天文学的开端，日本天文学家小柴昌俊（Masatoshi Koshiba）、美国天文学家雷蒙德·戴维斯（Raymond Davis）因此获得 2002 年诺贝尔物理学奖。

图 1-24　在麦哲伦星云中的 SN1987A
图片来源：NASA

SN1987A 在被发现后的几个月内一直易于观测。天文学家们穷尽各种方法对这颗距离相对较近的超新星进行了细致观测。1994 年哈勃空间望远镜恢复"正常视力"后，也对 SN1987A 进行了连续观测（图 1-25）。这些观测结果大大改变了天文学家对大质量恒星死亡方式的认识。一个例子是，从观测结果分析出 SN1987A 的前身是一颗 18 倍太阳质量的蓝超巨星，在这之前天文学家普遍相信 II 型超新星爆发只可能出现在红超巨星身上，SN1987A 的爆发使大质量恒星演化模型被迫进行修正。

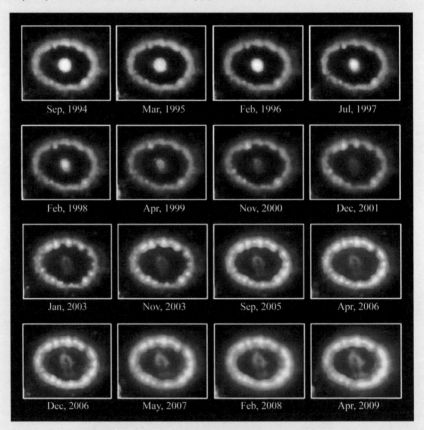

图 1-25　哈勃空间望远镜观测的 SN1987A
图片来源：NASA

1.1.3.3 超新星的爆发机制

超新星爆发是大质量恒星死亡前的"回光返照"。爆发时，恒星晚期内部发生灾难性坍缩，造成强大的引力能释放。根据形成机制的不同，超新星爆发可分为两大类：核心坍缩型超新星和白矮星型超新星。核心坍缩型超新星主要来源于高质量恒星的死亡，而白矮星型超新星则是由两颗白矮星相互作用或白矮星与其伴星作用引发的爆炸。

（1）核心坍缩型超新星

核心坍缩型超新星是最经典的超新星爆发机制。高质量恒星在演化过程中，其内部燃烧核素，以释放巨大能量，维持恒星的稳定。随着核燃料的消耗，恒星内部逐渐形成富含重元素的核心。当核心质量与铁等重元素质量相等时，恒星的核心不再能对抗重力，自身向内坍缩的速度可以达到 70 000 km/s，导致温度和密度迅速增加，产生大量高能粒子和辐射。随后低质量的核心形成中子星，大质量的核心通常大多完全坍缩成为黑洞。与此同时，坍缩释放的巨大能量使得恒星外层快速抛射，形成超新星爆发。这种类型的超新星爆发亮度极高，能量释放巨大，如 SN1987A（图 1–26）。

随着科学研究的深入，科学家发现这种现象的爆发强度和耀斑周期与恒星的质量和结构有关。对于质量较小的恒星而言，爆炸产生的能量较小，物质只是溢出而不是喷射出来。但对于较大质量的恒星，超新星爆发将会全球性摧毁恒星。

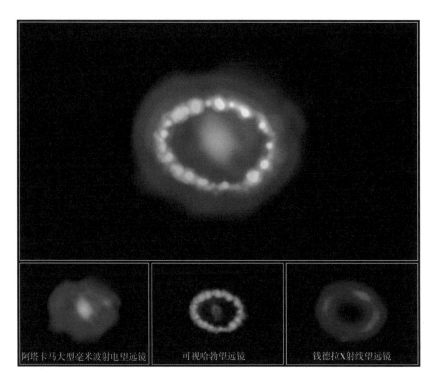

图 1-26　SN1987A 的遗迹
图片来源：NASA

（2）白矮星型超新星

　　白矮星是由质量较小的恒星在演化过程中形成的，其质量一般小于 1.44 倍太阳质量。当恒星耗尽核燃料后，外层气体被抛射形成行星状星云，而核心则坍缩成一个高密度、高温的白矮星。在几秒钟内，白矮星中相当一部分物质发生核聚变，释放出足够的能量，使恒星在超新星中解除束缚，产生向外膨胀的冲击波，物质速度达到 5000 ～ 20 000 km/s，大约是光速的 3%。光度也有显著增加，达到绝对量级 –19.3。

白矮星型超新星爆发是由两颗白矮星合并或一颗白矮星从其伴星吸入物质引发的。当白矮星质量达到或接近 1.44 倍太阳质量时，即所谓的钱德拉塞卡极限，其内部压力无法抵御引力作用，白矮星开始坍缩。坍缩过程中，白矮星内部的碳和氧元素快速聚变，导致剧烈的爆炸，形成超新星爆发。这种类型的超新星爆发的亮度和能量释放相对较小（图 1-27）。由于质量均为 1.44 倍太阳质量，因此他们爆发时的绝对星等均为 –19.3 等，也被称为宇宙中的标准烛光。

图 1-27　白矮星型超新星假想图
图片来源：NASA

两种爆发机制的超新星对比如表 1-1 所示。

表 1-1　两种类型超新星对比

超新星类型	核心坍缩型超新星	白矮星型超新星
前身星	大质量恒星	双星系统中的白矮星
爆发原因	大质量恒星的铁核心坍缩	两颗白矮星合并或伴星物质被致密白矮星吸入

1.2 元素的形成
The formation of the element

• 1.2.1　元素的核合成

我们生存在一个物质的世界，而这些物质都是由各种元素构成的。不同的物质构成的元素种类不同，有的需要两种元素，而有的则需要多达数十种元素。生命是最复杂的物质存在形式，主要由碳（C）、氢（H）、氮（N）、氧（O）和磷（P）构成，连同硫（S）一起被称为CHNOPS。这6种元素构成地球生命多达97%的细胞生物量，也是现在太阳系最常见的元素。

众多的物质构成了浩瀚无垠的宇宙，那么在宇宙中又有多少元素？这些元素是怎么产生的？化学里的元素周期表（图1-28）便是科学家对宇宙中存在元素的一个排列。在元素周期表中，一共有118种元素，除了少数几种是人造元素之外，大部分都是宇宙演化而来的。那么宇宙又是如何演化出这些元素的？要解开这个谜团，就需要了解在宇宙形成和恒星演化过程中宇宙元素核合成的四种形式。

元 素 周 期 表

图例说明：原子序数 / 价层电子构型（如 26 $3d^64s^2$）；元素符号 Fe / 元素汉语名称 铁；相对原子质量 55.85（括号内为最长寿命同位素的相对原子质量或质量数）

1 IA	2 IIA	3 IIIB	4 IVB	5 VB	6 VIB	7 VIIB	8	9 VIIIB(VIII)	10	11 IB	12 IIB	13 IIIA	14 IVA	15 VA	16 VIA	17 VIIA	18 VIIIA(0)
1 H 氢 1.008																	2 He 氦 4.003
3 Li 锂 6.941	4 Be 铍 9.012											5 B 硼 10.81	6 C 碳 12.01	7 N 氮 14.01	8 O 氧 16.00	9 F 氟 19.00	10 Ne 氖 20.18
11 Na 钠 22.99	12 Mg 镁 24.31											13 Al 铝 26.98	14 Si 硅 28.09	15 P 磷 30.97	16 S 硫 32.07	17 Cl 氯 35.45	18 Ar 氩 39.95
19 K 钾 39.10	20 Ca 钙 40.08	21 Sc 钪 44.96	22 Ti 钛 47.87	23 V 钒 50.94	24 Cr 铬 52.00	25 Mn 锰 54.94	26 Fe 铁 55.85	27 Co 钴 58.93	28 Ni 镍 58.69	29 Cu 铜 63.55	30 Zn 锌 65.41	31 Ga 镓 69.72	32 Ge 锗 72.64	33 As 砷 74.92	34 Se 硒 78.96	35 Br 溴 79.90	36 Kr 氪 83.80
37 Rb 铷 85.47	38 Sr 锶 87.62	39 Y 钇 88.91	40 Zr 锆 91.22	41 Nb 铌 92.91	42 Mo 钼 95.94	43 Tc 锝 (97.91)	44 Ru 钌 101.1	45 Rh 铑 102.9	46 Pd 钯 106.4	47 Ag 银 107.9	48 Cd 镉 112.4	49 In 铟 114.8	50 Sn 锡 118.7	51 Sb 锑 121.8	52 Te 碲 127.6	53 I 碘 126.9	54 Xe 氙 131.3
55 Cs 铯 132.9	56 Ba 钡 137.3	57~71 La 系 镧系	72 Hf 铪 178.5	73 Ta 钽 180.9	74 W 钨 183.8	75 Re 铼 186.2	76 Os 锇 190.2	77 Ir 铱 192.2	78 Pt 铂 195.1	79 Au 金 197.0	80 Hg 汞 200.6	81 Tl 铊 204.4	82 Pb 铅 207.2	83 Bi 铋 209.0	84 Po 钋 (209.0)	85 At 砹 (210.0)	86 Rn 氡 (222.0)
87 Fr 钫 (223.0)	88 Ra 镭 (226.0)	89~103 Ac 系 锕系	104 Rf 𬬻 (261.1)	105 Db 𬭊 (262.1)	106 Sg 𬭳 (263.1)	107 Bh 𬭛 (264.1)	108 Hs 𬭶 (265.1)	109 Mt 鿏 (266.1)	110 Ds 𫟼 (271)	111 Rg 𬬭 (272)	112 Cn 鿔 (277)	113 Nh 鿭 ( )	114 Fl 𫓧 (289)	115 Mc 镆 ( )	116 Lv 𫟷 (289)	117 Ts 鿬 ( )	118 Og 鿫 ( )

镧系

57 La 镧 138.9	58 Ce 铈 140.1	59 Pr 镨 140.9	60 Nd 钕 144.2	61 Pm 钷 (144.9)	62 Sm 钐 150.4	63 Eu 铕 152.0	64 Gd 钆 157.3	65 Tb 铽 158.9	66 Dy 镝 162.5	67 Ho 钬 164.9	68 Er 铒 167.3	69 Tm 铥 168.9	70 Yb 镱 173.0	71 Lu 镥 175.0

锕系

89 Ac 锕 (227.0)	90 Th 钍 232.0	91 Pa 镤 231.0	92 U 铀 238.0	93 Np 镎 (237.0)	94 Pu 钚 (244.1)	95 Am 镅 (243.1)	96 Cm 锔 (247.1)	97 Bk 锫 (247.1)	98 Cf 锎 (251.1)	99 Es 锿 (252.1)	100 Fm 镄 (257.1)	101 Md 钔 (258.1)	102 No 锘 (259.1)	103 Lr 铹 (260.1)

图 1-28　化学元素周期表

1.2.1.1　四种核合成过程

核合成是从已经存在的核子（质子和中子）创造出新原子核的过程。原始的核子来自大爆炸之后已经冷却至 $1×10^7$（千万）℃以下，由夸克、胶子形成的等离子体海洋。

（1）大爆炸核合成

目前的理论认为宇宙是由大爆炸形成的，一切物质、时间、空间起于大爆炸。大爆炸核合成（缩写为 BBN，也称为原始核合成）发生在宇宙已经膨胀和冷却到温度大约为 $1×10^{11}$（千亿）K 那一刻之后。大爆炸后，宇宙极速膨胀和冷却，$10^{-35} \sim 10^{-6}$ s，一些亚原子基本粒子形成，$10^{-6} \sim 10$ s，核子出现，出现了第一种元素氢（H）。大爆炸核合成主要发生在大爆炸后 10 s 到 20 min 之间，20 min 之后，宇宙温度过低，原子核的动能不足以克服库仑斥力，大爆炸核合成终止。大爆炸核合成终止后，宇宙质量的 75% 为氢，25% 为氦（He），加上极微量的锂（Li）。除了氢、氦、锂这些稳定的原子核外，还产生了两种不稳定或放射性同位素：重氢同位素氚（^{3}H 或 T）和铍同位素（^{7}Be）。但这些不稳定或放射性的同位素后来分别衰变成 ^{3}He 和 ^{7}Li，加上宇宙空间没有足够的密度和温度，因此，任何比铍重的元素都不会在大爆炸中形成，所以大爆炸核合成实际上只能提供三种元素：氢、氦、锂（图 1-29、图 1-30、图 1-31）。

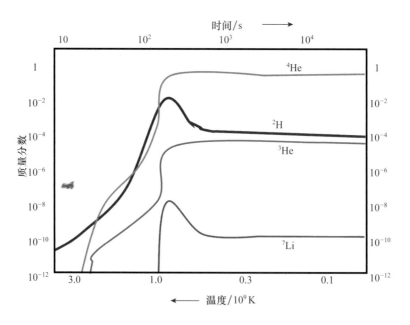

图 1-29　大爆炸核合成形成的元素

$$p + n \longrightarrow {}^{2}H + \gamma$$
$$p + {}^{2}H \longrightarrow {}^{3}He + \gamma$$
$${}^{2}H + {}^{2}H \longrightarrow {}^{3}He + n$$
$${}^{2}H + {}^{2}H \longrightarrow {}^{3}H + p$$
$${}^{3}He + {}^{2}H \longrightarrow {}^{4}He + p$$
$${}^{3}H + {}^{2}H \longrightarrow {}^{4}He + n$$

图 1-30　大爆炸核合成的主要反应

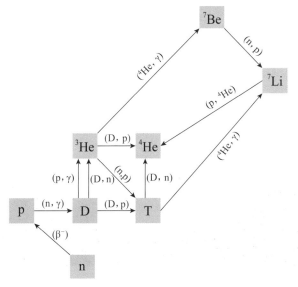

图 1-31　大爆炸核合成序列

（2）恒星核合成

　　恒星核合成（stellar nucleosynthesis）是解释重元素是由恒星内部的原子经由核聚变创造出来的化学元素理论。该理论认为恒星是天然的元素加工厂，宇宙中很多元素都是由恒星核反应产生的。恒星质量越大，进行的核反应就越多。太阳和其他恒星之所以发光，是因为其核心正在进行核反应（图 1-32），把轻元素聚变成重元素。

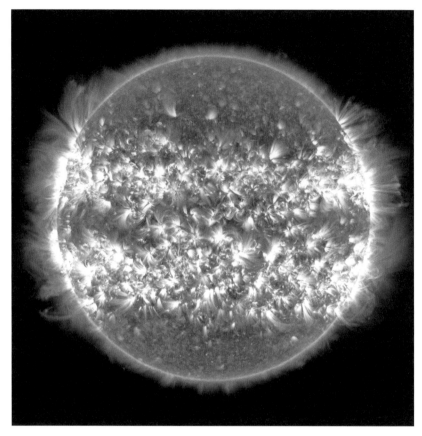

图 1-32　太阳正在进行的核反应
图片来源：NASA

从第一批恒星形成开始（大爆炸后约 2 亿年）直到今天（大爆炸后约 135 亿年），恒星通过核聚变持续创造重元素。恒星通过核聚变反应产生能量。最初的恒星在它们的核心中用与宇宙大爆炸不久后制造氦的反应相类似的反应，将氢转化成氦。恒星将它们的氢燃料消耗尽并留下一个氦核心，但是这时的恒星还没有消亡。氦核心会由于引力而坍缩，并增加其温度、密度和压力，直到氦燃烧发生聚变反应。两个氦原子融合形成一个铍原子。第三个氦原子快速加入并形成一个碳原子。有时第四个氦原子与碳结合形成一个氧原子，即前文提到的3α过程。这些聚变反应在恒星核心深处发生，早在太阳系形成之前，就已经制造出了我们身体中的碳原子和氧原子。拥有和太阳差不多质量的恒星，没有足够的引力使得碳核心/氧核心坍缩而点燃碳聚变反应。在这些小质量的恒星中，恒星核合成随着碳核心/氧核心停止而逐渐消亡，这些正在消亡的恒星坍缩成白矮星。随着剩余的热量消散超过十几亿年的时间，小质量恒星温和地走向生命的终点。然而，大质量恒星却选择了狂暴的消亡，它们融合并循环利用着较重的元素。有碳参与的聚变反应制造出更重的元素，包括氧、氖、钠和镁。这些原子转而融合成更重的元素，一直到铁和在元素周期表中与铁邻近的元素（图1-33）。

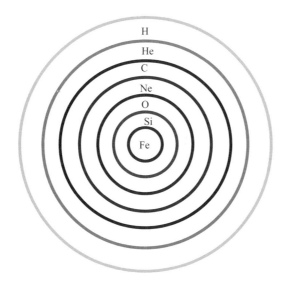

图1-33 大质量恒星发展至核心坍缩前的洋葱状结构（未依照比例）

从氢燃烧到硅燃烧，聚变合成氦到铁族元素（Fe、Co、Ni）；铁族元素是聚变的终点，铁元素拥有最高的核子比结合能，因此无法通过进一步核聚变形成比铁族更重的元素（图1-34）。

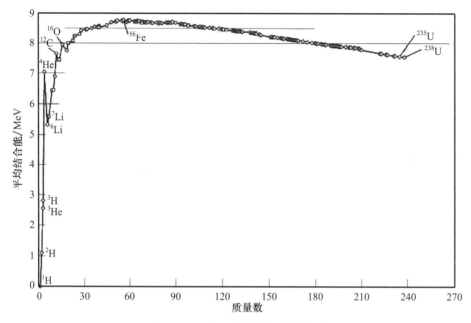

图 1-34　各元素的平均结合能

注意：^{56}Fe 的平均结合能并不是最高的，还有更高的元素未在图上标出，但是 ^{56}Fe 是拥有高平均结合能元素中最稳定的同位素。

恒星核合成的阶段如表 1-2 所示。

表 1-2　恒星核合成的阶段

阶　段	燃　料	产　物	温　度
氢燃烧	H	He	6×10^7 K
氦燃烧	He	C，O	20×10^7 K
碳燃烧	C	O，Ne，Na，Mg	80×10^7 K
氖燃烧	Ne	O，Mg	150×10^7 K
氧燃烧	O	Mg ～ S	200×10^7 K
硅燃烧	Mg ～ S	Fe 及附近元素	300×10^7 K

下面具体介绍恒星核合成的几种关键反应。

① 氢燃烧

氢燃烧是恒星内部氢聚变形成氦的反应，氢燃烧在恒星核合成过程中有两种形式。第一种是发生在低质量恒星上的质子－质子链反应（也称 PP 链），只有在温度高到足以克服它们相互之间的库仑斥力时才能进行，总体反应是四个质子生成一个 ^{4}He、两个正电子和两个电子中微子（图 1-35）；第二种是在更重恒星上进行的碳氮氧循环（CNO 循环），在此循环中，四个质子以碳、氮和氧同位素作为催化剂融合，产生一个 α 粒子、两个正电子和两个电子中微子。正电子几乎立即与电子湮灭，以伽马射线的形式释放能量，而中微子会从恒星中逃逸，并带走一些能量。上述两种形式都是靠着将氢燃烧成氦的过程来产生恒星的能量。

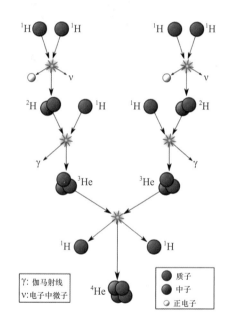

图 1-35　质子－质子链反应最常见步骤

② 氦燃烧

氦聚变是一种核聚变，而 ^{4}He 是其中一种参与此反应的原子核。完全由 ^{4}He 融合的反应就是所谓的 3 氦过程，因为这项反应先由两个氦核聚变成为

^{8}Be，但是这种同位素很不稳定，半衰期只有 6.7×10^{-17} s，会立即分裂成两个氦。如果这颗恒星质量超过 0.5 倍太阳质量，核心温度超过 1×10^8 K，密度又在 3×10^8 kg/m^3 以上，并且又在红巨星或红超巨星末期的演化阶段，则第三颗氦原子能在铍衰变之前就参与反应，并形成 ^{12}C。取决于温度和压力，额外的氦核也可能参与反应形成 ^{16}O；在非常高的温度下，另外的氦核也可能和氧融合，进而产生更重的元素，而更重的元素又会不断和氦发生反应（图 1-36）。

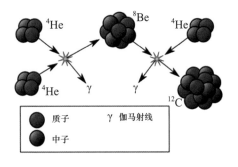

图 1-36　氦燃烧中的 3 氦过程

拓展阅读

电影《流浪地球》中的"氦闪"是什么？与氦聚变有什么关系？

看过《流浪地球》的人都知道，氦闪对地球是一种致命的灾难，一闪过后毁天灭地。正是为了躲避氦闪，人们不得不让地球离开太阳系，为此建造了大量的行星发动机，让地球停转，住到地下，开启了苦难的行军。不过，氦闪究竟是什么？

相比氢核聚变来说，氦聚变难以点燃。两个原子核要聚变，首先要克服双方带正电的质子之间的排斥力。而氦有两个质子，氢只有一个质子，因此让两个氦聚到一起更困难，需要的温度更高。当太阳核心的氢消耗殆尽时，里面全都是氦，却不能发生聚变。这些氦就好比煤炉中煤炭燃烧剩下的灰烬，被称为"氦灰"。

太阳核心的氦灰在万有引力的作用下会继续向内坍缩。对于质量介于 0.5 ～ 2.25 倍太阳质量的恒星，在收缩过程中，它们的核心温度还不足以引发氦核聚变，那么内核便会初步出现电子简并压来抵消万有引力，直至发生氦核聚变。正常状态下核聚变的热辐射压力在抵消万有引力的作用后会向外做功，使体积膨胀来释放能量；而此时，由于内核处于初步的电子简并状态，热辐射压力需要先克服电子简并压，然后才能抵消万有引力，在这个过程中，内部温度升高，体积却没有变化，于是能量在内核中不断积累，直至积累到一定程度后集中爆发，这个过程称为氦闪，预计持续几秒钟，但会燃烧核心 60% ～ 80% 的氦。

③ 碳燃烧

碳燃烧过程是发生在质量较重的恒星内的一种核反应。当核心内较轻的元素耗尽了之后，引力就会使得恒星收缩，恒星核心的密度和压强就会提高，直到碳开始燃烧产生能量来抵抗引力。对于低于 8 倍太阳质量的恒星，碳的核聚变反应速度非常快，可以说是一闪而过，连一秒都用不到，整个过程被我们称为"碳闪"。 因为碳的燃烧速度实在太快，所以，此时恒星的外壳会被炸开，这就是 I 型超新星爆炸的一种。在爆炸的过程当中，恒星的物质会被抛撒到太阳当中。质量大于 8 倍太阳质量的恒星，它们不会发生"碳闪"，而可以让燃烧碳进行得很平稳，碳燃烧完之后产生镁、硅、磷、硫、氖、钠等，这时候这些恒星的内核温度一般都能达到 $10^9\,℃$ 左右（图 1-37）。

$$^{12}_{6}C + ^{12}_{6}C \rightarrow ^{20}_{10}Ne + ^{4}_{2}He + 4.617\ MeV$$

$$^{12}_{6}C + ^{12}_{6}C \rightarrow ^{23}_{11}Na + ^{1}_{1}H + 2.241\ MeV$$

$$^{12}_{6}C + ^{12}_{6}C + 2.599\ MeV \rightarrow ^{23}_{12}Mg + ^{1}n$$

或

$$^{12}_{6}C + ^{12}_{6}C \rightarrow ^{24}_{12}Mg + \gamma + 13.933\ MeV$$

$$^{12}_{6}C + ^{12}_{6}C + 0.113\ MeV \rightarrow ^{16}_{8}O + 2\,^{4}_{2}He$$

图 1-37　碳燃烧

④ 硅燃烧

硅燃烧过程是恒星核聚变反应中最后的短暂过程，只有至少 11 倍太阳质量的恒星才会发生。对恒星而言，硅燃烧是大质量恒星长期以来以核聚变供应能量的最后阶段，硅燃烧会耗尽恒星燃烧走向生命终点，然后恒星会离开赫罗图上的恒星带，成为致密星。

硅燃烧的产物是铁，它是元素周期表上"比结合能"最高的物质，铁即使聚变也不会释放能量，相反，它会消耗能量。此时的恒星内核，原子核和电子受到巨大的压力压紧，原子核和电子之间的巨大空隙荡然无存，彼此紧密地聚集在一起，依靠电子的泡利不相容产生的简并压力来维持体积，这种形式被称为"电子简并态"，但简并态也有其自身的极限，恒星内核的"元素工厂"产生的元素越来越多，越来越重，当核心质量达到 1.44 倍太阳质量时，简并压力也达到了自身的极限，即"钱德拉塞卡极限"。

（3）爆炸核合成

爆炸核合成（Explosive nucleosynthesis）是发生在高能量环境中的快速核合成方式，其合成的元素是在快速融合过程中建立的准平衡态中合成的。爆炸核合成发生得很快，放射性衰变不能减少中子的数量，因此许多质子和中子数量相等或接近相等的丰富同位素都是在准平衡过程合成的。

① s– 过程（s-process）：慢速中子捕获

s– 过程是慢速中子捕获过程，每次捕获的时间是 $10^2 \sim 10^5$ 年，发生在渐进巨星分支（AGB）的恒星内，中子捕获后可以发生 β 衰变。s– 过程主要合成质量数在 $23<A<46$（Ne 到 Ti）的核素，以及约一半的比 Fe 重的核素，包括质量数在 $63<A<209$（Cu 到 Bi）的核素。

在 s– 过程中，核子会经历中子捕获以形成具有一个更大原子质量的同位素。如果新同位素稳定，可能会出现一系列质量增加，但如果它不稳定，则会发生 β 衰变，从而产生原子序数下一位的元素。在捕获另一个中子之前有足够的时间发生这种放射性衰变，该过程捕获中子的速度较慢，故名慢中子捕获反应。s– 过程可以解释稳定原子核的合成，却无法解释钍 –232、铀 –238 等最重的原子核是如何形成的。因此，必然有另一个机制可以产生最重的原子核。这个过程被称为 r– 过程，即快中子捕获过程。

② r– 过程（r-process）：快速中子捕获

r– 过程也称快中子捕获过程，每次捕获的时间为 $0.01 \sim 10$ s，是在天体物理学中快速捕获中子的一类核反应，发生在超新星爆炸、中子星 – 中子星或中子星 – 黑洞碰撞过程中。r– 过程可以发生连续多次中子捕获，其间来不及发生 β 衰变。比铁重的元素大约一半都是由 r– 过程产生的。r– 过程主要合成质量数 70<A<209（Ga 到 Bi）的核素、Th、U 以及少量的轻核素。r-过程也发生在热核武器中，并在 20 世纪 50 年代帮助科学家首次发现富中子、长半衰期锕系元素同位素。s- 过程和 r- 过程几乎合成了所有比铁重的化学元素，目前主要研究的问题是何时发生中子捕获。

r- 过程发生得非常快。实际上 r- 过程最常发生在大质量恒星死亡时的超新星爆发中。在超新星爆发的最初 15 min 里，重原子核被爆炸的威力分裂，使自由中子的数量急剧增加。与 s- 过程在稳定原子核耗尽时停止不同，在超新星爆发过程中，中子的捕获率如此之大，即使不稳定的原子核也可以在衰变之前捕获许多中子。因而，最重的元素实际上诞生于其母恒星死亡后。由此可见，可用于合成这些最重原子核的时间非常短暂，所以这些元素在宇宙中是十分稀有的。s- 过程不能通过连续中子捕获横穿不稳定核素区；r-过程则可以（图 1-38）。

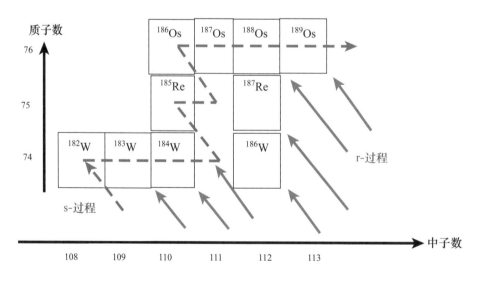

图 1-38　s- 过程和 r- 过程

③ p- 过程（p-process）：质子过程

p– 过程，也称快质子捕获过程，是一连串的质子被原始核捕获形成重元素的过程，具体指的是自然产生质子含量比例高的由硒到汞元素的同位素。这是结合 s- 过程和 r– 过程的核合成过程，可能对当前宇宙中很多重元素的形成有着一定作用。然而，p– 过程因与其他常见过程有所不同而被特别关注，它发生在稳定且富含质子的一侧，而不是常见的富含中子的稳定侧。p– 过程能制造的最重元素目前还不能确定，但是现有的中子星内数据表明没有比碲（Te，原子序数 52，原子质量 127.6）更重的元素。

（4）宇宙射线散裂

有一种相对比较少见的生成方式是宇宙射线散裂（Galactic nucleosynthesis），这是自然发生的一种核分裂和核合成形式。宇宙射线是来自地球之外的高能粒子，它撞击到其他物质时，就会散裂。在宇宙演化的这一百多亿年里，不管是超新星爆发、中子星合并，还是星系间的碰撞等，它们都会抛射出各种各样的粒子流，比如质子、氦核、重元素等，这样的粒子流被称为宇宙射线。宇宙射线最突出的一个特点是速度比较快，有些甚至能接近光速，所以当它们相撞，或者撞到其他物质时，碰撞会导致被撞的重核子驱逐出一些质子和中子。无论是在宇宙的深处、星球表面，还是在大气层内，都可进行宇宙射线散裂。对宇宙射线散裂的研究表明，它可以产生锂、铍、硼、碳、氖、铝、氯和碘等元素，其中铍和硼的主要来源就是宇宙射线散裂。

由以上 4 种核合成过程可以知道，在第一代恒星形成之前，原始宇宙中只存在宇宙大爆炸发生时形成的氢、氦和少量锂。这些元素构成了其他元素的基础，恒星形成后，便进行恒星核合成，形成了元素周期表上的绝大多数的化学元素，类似太上老君的"炼丹炉"。而后比铁重的金属元素，大多经超新星等爆炸核合成形成，如高质量的金属元素钼，只在超新星爆发时形成，那是恒星耗尽了所有"燃料"，像烟花一样绽放结束自己一生的时刻。

• 1.2.2 元素丰度的奇偶数效应

1.2.2.1 元素丰度的概念

我们通常将化学元素在任何宇宙体或地球化学系统（如地球、地球各圈层或各个地质体等）中的平均含量称为丰度。化学元素的丰度是在给定环境中化学元素相对于所有其他元素出现的量度。丰度有三种测量表达方式：质量分数、摩尔分数和体积分数。一般认为化学元素的丰度是质量分数。

恒星核合成的过程简而言之就是轻的元素会通过核聚变合成更重的元素，所以在整个元素周期表中，原子序数越小，这种元素就越多，目前对太阳系中元素丰度的研究已经印证了这一点（图 1-39）。

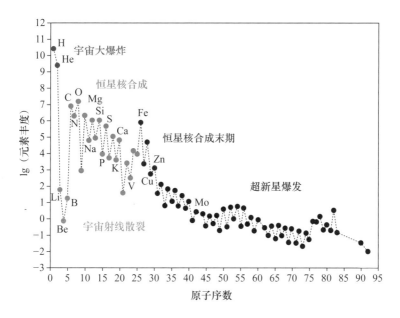

图 1-39　太阳系的元素丰度

1.2.2.2　太阳系元素丰度的研究方法

（1）太阳光谱的研究

1925 年，25 岁的塞西莉亚·海伦娜·佩恩（Cecilia Helena Payne）在博士论文中首次提出恒星中氢元素的含量远远高于其他元素。在此之前，科学界一度认为太阳系元素组成与地球表面元素组成是一致的，佩恩的说法冲击了传统的认知。1929 年，亨利·诺里斯·罗素（Henry Norris Russell）首次全面地定量了太阳光球层的元素丰度（图 1-40）。他通过分析罗兰太阳谱线（图 1-41），获得了太阳大气中 56 种元素的丰度。罗素的观测结果证实了佩恩的说法，验证了太阳系中最高的元素是氢。

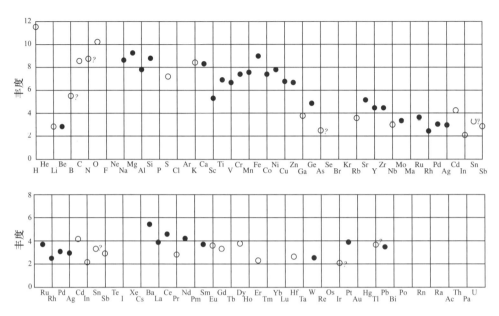

图 1-40　罗素测量的太阳元素丰度
图片来源：罗素 1929 年发表的文章《太阳大气元素组成》
（On the Composition of the Sun's Atmosphere）

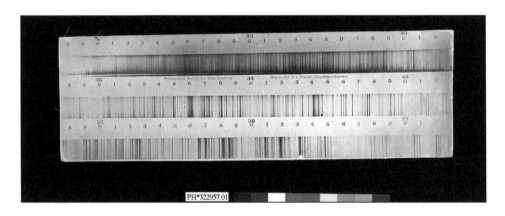

图 1-41　罗兰太阳谱线
图片来源：亨利·奥古斯塔斯·罗兰（Henry Augustus Rowland）教授
拍摄于 1886 年现存于美国国家历史博物馆

由于太阳表面温度极高，各种元素的原子都处于激发状态，并不断地辐射出各自的特殊光谱。太阳光谱的谱线数（图1–42）和它们的波长主要取决于太阳表层中所存在的元素。黑色条带的出现是因为恒星所发出的特定频率的光被恒星周围富含元素的气体光球层所吸收。一般认为恒星大气的成分接近恒星的总成分。因此，通过检测特定频率的光强变化即可反演恒星元素组成。

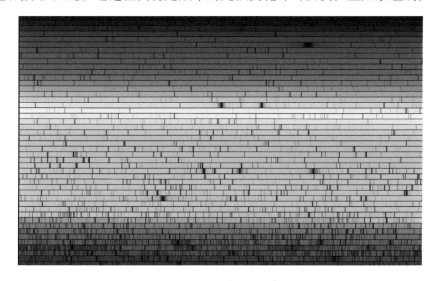

图1–42　太阳光谱
图片来源：NASA

（2）陨石的研究

陨石是落在地球上的行星物体的碎块。天文学和化学方面的证据都说明，太阳系和地球具有共同的成因。因此，陨石的化学成分是估计太阳系元素丰度以及地球整体和地球内部化学组成的重要依据。陨石中的60多种有机化合物是非生物合成的"前生物物质"，为探索生命前期的化学演化开拓了新的途径。陨石也可作为某些元素和同位素（稀土元素，Pb、Nd、Os、S等）

的标准样品。陨石中有一个特殊的类型叫碳质球粒陨石。碳质球粒陨石是最原始的陨石，主要由硅酸盐组成，但是富含水和碳。它对探讨生命起源的研究和探讨太阳系元素丰度等各个方面具有特殊的意义。如 Orgueil 等 CI 碳质球粒陨石的元素丰度几乎与太阳中观察到的非挥发性元素丰度完全一致（图 1–43），碳质球粒陨石的化学成分已被用于估计太阳系中挥发性元素的丰度。陨石相关研究详见本书 2.4 节。

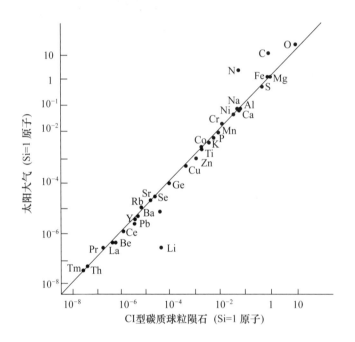

图 1–43　CI 型碳质球粒陨石元素丰度与太阳光球层元素丰度对比

1.2.2.3　元素在太阳系中的丰度规律

把太阳系中元素丰度值取对数，再分别与其原子序数（Z）作图（图 1–44），就会发现太阳系元素丰度具有以下规律：

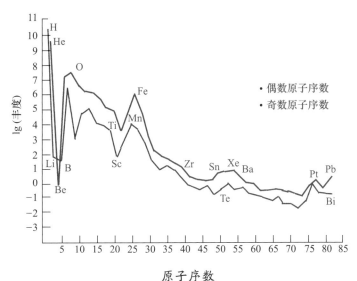

图 1-44　太阳系奇偶数原子序数元素丰度对比

（1）元素的丰度随着原子序数增大而减小，在 Z>45 的区间近似变为水平线。

（2）原子序数为偶数的元素丰度大大高于相邻原子序数为奇数的元素丰度，这一规律称为奥多－哈根斯法则，亦即奇偶规律。

（3）所有元素中，氢和氦的丰度最大，两者约占宇宙质量的 98% 以上，而所有其他元素的质量之和不足 2%。Li、Be、B 具有很小的丰度，属于强亏损元素，而 O 和 Fe 呈现明显的峰，为过剩元素。在 Fe 的位置处，有一个明显的丰度值。

1.2.2.4　太阳系元素丰度与元素起源的关系

上述宇宙元素丰度特征十分重要，它们是检验元素起源学说的试金石。

上述规律也揭示了太阳系元素丰度与元素原子结构及元素形成的整个过程之间存在着某种关系。

（1）与元素原子结构的关系。原子核由质子和中子组成，其间既有核力又有库仑斥力，但中子数和核子数比例适当时，核最稳定，而具有最稳定原子核的元素一般分布最广。在原子序数小于 20 的轻核中，中子 / 质子 =1 时，核最稳定，这可以解释 ^{4}He（$Z=2$，$N=2$）、^{16}O（$Z=8$，$N=8$）、^{40}Ca（$Z=20$，$N=20$）等元素丰度较大。又如偶数元素与偶数同位素的原子核内，核子倾向成对，这种核的稳定性较大。因而偶数元素和偶数同位素在自然界分布更广。

（2）与元素形成的整个过程的关系。H、He 的丰度占主导地位和 Li、Be、B 等元素的亏损，可从元素的起源和形成的整个过程等方面来分析。根据恒星合成元素的假说，在恒星高温条件下，可以发生有原子参加的热核反应，最初时刻 H 的燃烧产生 He，而大爆炸核合成（BBN）及以后的恒星核合成都缺乏形成 Li、Be、B 三种元素的有效机制，因此太阳系中 Li、Be、B 等元素丰度偏低。

宇宙中化学元素的丰度主要由大爆炸中产生的大量氢和氦决定。其余元素仅占宇宙的 2%，主要由超新星和某些红巨星形成，以及恒星的核聚变产生。"元素周期表排名越靠前，元素的丰度越高"只是大概的说法，Li、Be、B 尽管原子序数低，却很稀有，因为它们在大爆炸与恒星核合成中都缺乏有效的合成机制。从碳到铁的元素在宇宙中相对丰富，因为它们很容易在超新星核合成中制造。原子序数高于铁（26 号元素）的元素在宇宙中变得越来越稀有，因为它们在生产过程中越来越多地吸收恒星能量。此外，由于元素稳定性更高，在元素周期表中具有偶数原子序数的元素通常比它们的邻居更常见。

太阳和外行星中的元素丰度与宇宙中的元素丰度相似。由于太阳加热，地球和太阳系内部岩石行星的元素经历了挥发性氢、氦、氖、氮和碳（以甲烷形式挥发）的额外消耗。地球的地壳、地幔和地核显示出化学分异和一些密度隔离的证据。在地壳中发现了较轻的铝硅酸盐，在地幔中发现了更多的硅酸镁，而金属铁和镍构成了地核。表 1-3 显示了现代地球不同圈层的组成及参数。

表 1-3　现代地球不同圈层的组成和压力、温度的平均值

壳　　层		主要组成	深　度 /km	压　力 /10^8Pa	温　度 /℃
大陆地壳		Si-Al 层 Si-Mg（Fe）层	0～40	1～10	常温至 600
上地幔	岩石圈地幔	Si-Mg 质岩石	40～50	10～18	600～1100
	低速带	地幔岩	50～150	18～50	1100～1400
	下部		150～400	50～140	1400～1600
过渡带			400～984	140～240	1600～2000
下地幔		地幔岩（富 Fe）	984～2898	240～1350	2000～4000
地核	外核	Fe-Ni（铁 - 镍）	2898～4640	1350～2980	4000～4700
	过渡层	Fe-Ni（铁 - 镍）	4640～5155	2980～3320	4700～5500
	内核	Fe-Ni（铁 - 镍）	5155～6371	3320～3700	5500～6000

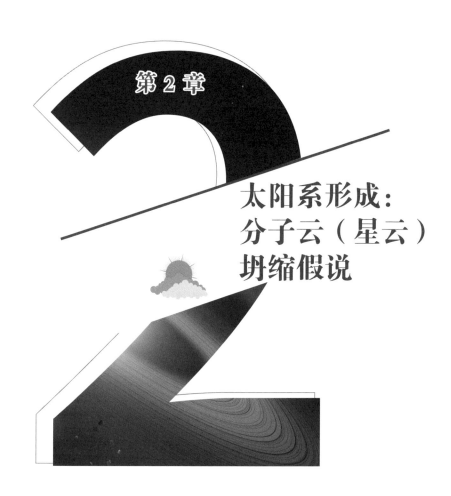

第 2 章

太阳系形成：
分子云（星云）
坍缩假说

我们生活的太阳系主要由太阳和 8 颗行星组成，行星包括水星（Mercury）、金星（Venus）、地球（Earth）、火星（Mars）、木星（Jupiter）、土星（Saturn）、天王星（Uranus）、海王星（Neptune），太阳系中还有数颗卫星、小行星、彗星等。这么庞大的太阳系是从何而来的呢？我们生活所需要的能量又来源于什么呢？近 300 年来，随着人们对太阳系的研究探索热情日益升高，许多著名的科学家和哲学家已提出了 48 种太阳系起源学说，康德、拉普拉斯等人提出的太阳系起源假说推动着研究的不断发展。目前，太阳系的形成问题已经有诸多讨论，大体可分为三类——灾变说、俘获说和星云说。

（1）灾变说在解释行星的形成时进行了特殊性假设，认为行星的形成是由于恒星之间的相互碰撞或恒星与太阳之间的碰撞。该假说还认为，可能是从太阳中碰撞出的基本物质相互聚集、演化形成了行星。换言之，该假说认为行星运动的第一推动力来自恒星的碰撞力。

（2）俘获说认为太阳系行星的形成来源于对其他普通小行星的俘获。在太阳系形成过程中，小行星在一次偶然的机会中行近太阳时被俘获，于是成为太阳系的行星或者某行星的卫星。

（3）星云说即分子云坍缩假说，是比较流行的观点。星云说认为，前太阳物质的爆发形成了气态的太阳星云，随后星云物质发生凝聚收缩，并不断进行自转运动，因为自转过程中角动量守恒，所以在收缩过程中自转逐渐加快，当赤道处自转速度大到自转离心力等于星云对其吸引力时，便在赤道处留下星云物质，形成星云盘。星云中心部位形成太阳系的恒星——太阳，而由于原始太阳星盘自传离心力较大，使得星盘内物质更慢地坍缩到太阳，星盘上残余的气体和尘埃吸积形成行星。星云说不仅能自然地说明行星绕太阳公转的共面性、同向性和近圆性，也能说明行星轨道面与太阳赤道面大致符合的事实。

2.1 太阳系原始星云盘的形成
The formation of the primordial disk of the Solar System

一般认为，整个太阳系由同一星云形成，星云盘的大部分物质被吸引到中心形成太阳，其成分接近原始云成分；而少部分物质形成了绕太阳运动的星云盘，这一部分物质的少部分被凝结为固体形式，而剩余气体物质则落入太阳或迁移到更远离太阳的区域。这些早期物质碎片偶尔会到达地球形成陨石，我们所说的原始"球粒陨石"除了易挥发元素之外，与原始星云盘是非常相似的。而非球粒陨石则揭示了更多早期行星分异的内容（详见本书 2.4 节）。根据分子云坍缩假说，太阳系的原始星云盘的形成关系到太阳的形成及各行星的形成过程，因此探究原始星云的形成非常有必要。

太阳系总角动量很小，单纯靠惯性离心力抗衡不了星云对其的吸引力，形成不了转动的星云盘。那么星云盘是如何转动的呢？

星云盘物质的角动量计算：

$$A_c = 2\sqrt{GM} \frac{m}{R_2^2 - R_1^2} \int_{R_1}^{R_2} \sqrt{r^3} \, \mathrm{d}r$$

其中，A_c 为某一行星区域内星云物质的轨道角动量；G 为引力常数，$G=6.672\times10^{-8}$ dyn·cm^2·g^{-2}；M 为太阳的质量，$M=1.989\times10^{33}$ g；r 为积分变量；m 为某一行星质量（包括卫星质量）；R_1、R_2 为某一行星区域的内外边界值。经过计算，与各行星的角动量值 A_{pr} 进行比较，得到 ΔA，如表 2-1 所示。

表 2-1　星云盘角动量

行星	m/g	R_1/cm	R_2/cm	A_c/ (g·cm^2·s^{-1})	A_{pr}/ (g·cm^2·s^{-1})	ΔA/ (g·cm^2·s^{-1})
水星	3.332×10^{26}	4.294×10^{12}	7.2706×10^{12}	9.3066×10^{45}	9.04×10^{45}	2.666×10^{44}
金星	4.870×10^{27}	7.2706×10^{12}	1.2821×10^{13}	1.7952×10^{47}	1.846×10^{47}	-5.08×10^{45}
地球	5.976×10^{27}	1.2821×10^{13}	2.027×10^{13}	2.8181×10^{47}	2.662×10^{47}	1.561×10^{46}
火星	6.421×10^{26}	2.027×10^{13}	2.5327×10^{13}	3.5373×10^{46}	3.516×10^{46}	2.13×10^{44}
木星	1.900×10^{30}	4.6526×10^{13}	1.1669×10^{14}	2.0232×10^{50}	1.9284×10^{50}	9.52×10^{48}
土星	5.688×10^{29}	1.1669×10^{14}	2.3667×10^{14}	8.836×10^{49}	7.814×10^{49}	1.022×10^{49}
天王星	8.742×10^{28}	2.3667×10^{14}	3.6607×10^{14}	1.7584×10^{49}	1.704×10^{49}	5.44×10^{47}
海王星	1.029×10^{29}	3.6607×10^{14}	5.9735×10^{14}	2.6205×10^{49}	2.514×10^{49}	1.065×10^{48}

从表 2-1 的计算结果来看，除了金星区域之外，其他各区域星云盘物质的角动量值 A_c 都大于相应的行星、卫星的角动量值 A_{pr}。据此可知，当初形成行星、卫星的星云盘各区域的角动量值普遍不够大。这一事实说明，当初原始星云角动量不足，惯性离心力抗衡不了其吸引力，形成不了星云盘。

转动收缩的原始星云形成星云盘有两种途径，其中一种是有"足够的角动量"时，在赤道边缘部位有足够的惯性离心力，就可以留下星云物质。这也是大多数科学家所做的设想。而另一种途径是"角动量不足"时，在赤道边缘部位，没有那么大的质性离心力，星云物质是无法留存下来的。但如果原始星云在径向方向上收缩的速度不一样，内快外慢，外部赤道部位的星云物质赶不上内部星云物质收缩、降落，掉队下来的星云物质也可以形成星云盘。经过计算我们可以发现，太阳系原始星云形成的星云盘应当属于掉队下来的星云物质。

随着原始星云（图 2-1）的不断自转，星云物质掉落形成星云盘，各区域空间的质量分布越密集，质量就越大。各种物质和新生成的物质随着行星"胚胎"的公转不断地传递到行星的原始大气中，同时在行星增生的过程中，太阳系外的物质也以气体和尘埃的形式不断加入太阳星云。随着时间的推移，注入行星盘密度逐渐降低。中子、光子和电子的穿透速度越来越快。随着中子、质子等新一代基本粒子的产生，原大气中的物质能量越来越大。尘埃颗粒聚集在一起，依次形成更大的颗粒，然后是岩石，然后是小行星或"星子"。

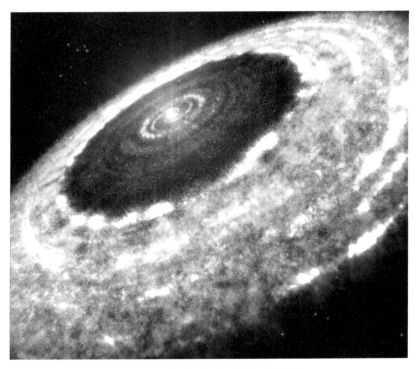

图 2-1 恒星系原始星云想象图
图片来源：NASA

当这样的一团星云物质变得足够大时，它就会达到一个临界点。现在，万有引力帮助这颗胚胎行星迅速吸收气体、尘埃和其他团块，清理其轨道路径，并在圆盘上雕刻出一个圆形缺口（图2-2）。碰撞进一步加热气体，最终氢原子不会再碰撞和反弹，而是融合形成氦原子。氦原子的质量小于4个氢原子的质量之和。剩余的质量以能量的形式被释放。对于一个单一的聚变反应来说，这个量值可能很小，但累积的总量是巨大的，整个过程叫作核聚变。

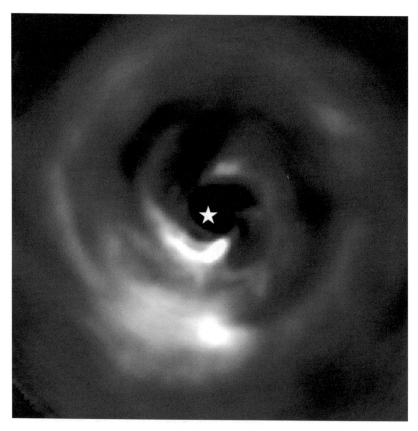

图2-2　原始星云的形成
图片来源：NASA

2.2 太阳系早期元素的冷凝（元素挥发性）
Condensation (volatility) of elements in the early Solar System

氢元素是太阳系丰度最高的元素。我们在太阳系中所有的星球上都发现了元素周期表中所有重元素存在的迹象，除了在人类干预下创造的重元素外，我们已经在自然界发现了大约 90 种自然存在的重元素。

然而在早期阶段，宇宙只是一片由质子、中子和电子组成的炽热的离子海洋。在一次连锁反应之后，得到了一个这样的宇宙。按照原子核的数量计算，氢占 92%，氦占 8%，锂占 $1/10^8$，铍占 $1/10^{19}$。在第一颗恒星诞生的那一刻，也就是宇宙大爆炸后 5000 万到 1 亿年间，大量的氢开始融合成氦。但更重要的是，那些质量最大的恒星（质量是太阳的 8 倍以上的恒星）燃烧氢燃料的速度非常快，只需要几百万年的时间就能耗尽氢，一旦这些大质量恒星的核心耗尽了氢，氦核就会收缩并开始将三个氦核融合成碳。在更高的温度下，碳聚变生成氧，氧聚变生成硅和硫，硅最终聚变生成铁。铁原子核比结合能是所有元素中最高的，因此铁聚变生成任何元素均无法释放能量平衡恒星外层向内坍缩的压力，故而核心内爆，恒星变成超新星。

在天体化学及地球形成与演化的研究中，常常涉及星云凝聚、硅酸盐熔体熔融，因此提出了挥发元素与难熔元素的分类。同时在行星形成与演化中存在一个高温阶段，在这个阶段，元素的挥发性与难熔性决定了元素在行星中是富集还是亏损。在天体化学中，元素被分为以下类型：

（1）高挥发性元素：H、C、N、F、Ar、Kr、O 等。

（2）中等挥发性元素：Tl、Cd、S、Se、Zn、Pb、K、Li、Ma、P 等。

（3）难挥发性元素：Fe、Co、Cr、Ni、Mg、Si 等。

（4）难熔元素：V、Ca、Ti 等

太阳星云的物理和动力学模型表明，早期的太阳系非常热，温度以太阳为中心向外降低。内部的固体尘埃颗粒会被蒸发，然后在星云冷却时再被冷凝。星云的压力（估计只有 $10^{-3} \sim 10^{-5}$ 大气压）太低，液体无法保持稳定，所以星云蒸气会直接凝结成固体矿物。因此元素的冷凝温度（或元素的挥发性）决定了太阳系中元素的分布。随着太阳系星云的冷却，各个元素逐渐冷凝，元素冷凝的先后顺序主要由元素的挥发性控制。一般而言，离太阳越远，温度和压力越低，冷凝的速度越快。在内太阳系，难挥发性元素更为显著地发生冷凝，形成固体；在外太阳系，温度足够低，挥发元素组成的挥发组分，例如水、氨、甲烷、二氧化碳、一氧化碳等可以冷凝成冰。挥发组分开始冷凝的位置称为雪线，四颗类地行星均位于雪线以内，亏损挥发性元素。因此，行星的化学元素分布主要受核物理合成和元素的挥发性控制。

 拓展阅读

易熔和难熔元素的特点

一、易熔元素的特点

1. 强凝固性与塑性

易熔元素的结晶温度很低，因此在晶体上较少出现缺陷和杂质结构，具有较强的塑性和延展性。例如，铜和铝在低温下就可以被大规模铸造

成块体、杆条、板条等形状，而且没有结晶缺陷。

2. 高导电性与热传导性

易熔元素中的金属具有优异的导电和热传导性能。这是因为顺电流方向，金属中离子交换比较自由，电子自由跳跃，导电性很高。此外，金属中的原子靠拍板运动传递热量，导热性高。

3. 化学反应较不稳定

由于大多数易熔元素具有较邻近的原子，相对容易失去或获得一个或两个电子以变成稳定的离子和化合物，因此它们在化学反应中较不稳定。

二、难熔元素的特点

1. 高熔点和高密度

天体化学中，难熔元素指半凝聚温度高于镁橄榄石的半凝聚温度1340 K 的元素，它们在高温、高压条件下仍然具有稳定的化学性质和物理特性。此外，难熔元素的密度也往往较高，例如石墨、钨等元素就是密度非常高的难熔元素。

2. 化学反应相对稳定

几乎所有难熔元素都是宏观上比较稳定的元素，因为它们在化学反应中不容易失去或获取原子或电子，或者它们与其他元素或化合物之间反应的能力相当弱。

3. 应用丰富，多角度深入

由于难熔元素具有高熔点和高密度等一些特殊性质，因此在制备高强度、高级别、高保护性的材料中应用广泛。例如，石墨可用于制造切削工具，使之具有很强的防磨损能力和很长的寿命；钨、钼等难熔元素可以制造坚韧、耐腐蚀的特种合金；铬、钨等元素可以被用来制造耐高温、高热沉积性的涂层，这种涂层在航空、石油、化工等领域有很广泛的应用。

 拓展阅读

钼为什么是难熔金属？

钼的熔点高达 2620℃，在目前的自然界单质中排名第六。难熔金属钼也是一种过渡金属元素，英文名为 Molybdenum，化学符号 Mo，相对原子质量 95.95，原子序数为 42，位于元素周期表第 5 周期、ⅥB 族，原子体积 9.4 cm^3/mol，原子半径 139 pm，电负性 2.16，电子排布 $[Kr]4d^55s^1$（图 2-3）。

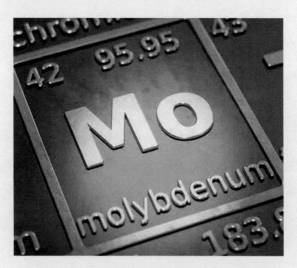

图 2-3 金属钼在元素周期表中的位置

从结构上来看，难熔金属钼的晶体结构为体心立方晶系。在常温且杂质含量一定的情况下，钼的晶格参数在 0.314 67 ～ 0.314 75 nm。由于钼的原子排列比普通金属的更加紧密，所以其原子半径更小，这也使得钼原子之间的结合力更强，需要更高的能量才能使钼原子之间彼此脱离。

　　从热传导性上来看，钼的热传导率较高，约为 142.35 W/(m·K)，所以其导热性能较好。这也就意味着它能快速地将热量传递给周围环境，进而使本身的温度升高困难，即不易被熔化。

　　难熔金属钼的主要特点是熔点高、沸点高、密度大（10.23 g/cm^3）、热膨胀系数小、硬度大、强度高、红硬性好、耐热性/耐高温性能优良、抗蠕变性和耐腐蚀性佳等。然而，也正是由于难熔金属硬度大的原因，所以它很难加工。

2.3 行星盘化学分异
Chemical differentiation of planetary disks

　　宇宙庞大而浩瀚，人类认识宇宙的起点便是太阳系，随着人类宇宙探索热情的日益高涨，对行星的探测也愈发频繁且深入，呈现出由近及远、由易到难、由粗到精的特点。目前，人类对太阳系中的行星已经有了进一步的认识。

　　国际天文学联合会对行星的定义为：围绕太阳运行的天体，而不是其他天体的卫星；足够大，可以被自身引力环绕，但又不会大到像恒星那样开始发生核聚变；已经"清除"了附近大多数其他轨道天体。根据行星的定义，目前我们认为太阳系中存在八大行星，距离太阳由近到远分别为：水星、金星、地球、火星、木星、土星、天王星和海王星（图2-4）。

太阳系内行星在太阳引力的作用下，围绕太阳在确定轨道上进行公转运动。八大行星按其物理性质可以分为两组：最靠近太阳的四颗行星——水星、金星、地球和火星，通常被称为"类地行星"，基本上由岩石和金属组成，密度高，旋转缓慢，固体表面，没有环，卫星较少；木星、土星、天王星和海王星这四个巨大的外行星被称为"类木行星"，主要由氢和氦等物质组成，密度较低，旋转快，大气层厚，有环，卫星较多。

图 2-4　太阳系
图片来源：NASA

• 2.3.1 太阳系元素分布规律

从整体上而言，元素在整个太阳系中的分布非常不平均，即使都是在类地行星中，也会由于行星的形成过程、质量、年龄等因素导致元素的组成存在较大差异，有时同一元素的丰度差异可以达到 10 个数量级以上。

在宇宙化学领域，有几个非常出名的规律：偶数规律、四倍规律、递减规律。而许多研究表明，元素在太阳系当中的分布除了符合以上几条规律外，其规律也与元素周期律存在一定的相似性。自门捷列夫绘制出第一张元素周期表以来，元素周期表一直在发展变化，直到发展成我们现在看到的比较完善的元素周期表。我们将电子层数相同的元素排布在一行，将最外层电子数相同的元素排布在一列（对于主族），而由于原子结构的相似性，元素的性质也具有一定的相似性和递变性。元素周期律是指同一周期从左向右，电子层数不变，由于最外层电子数逐渐增多，原子半径逐渐减小，因而金属性逐渐增强，非金属性逐渐减弱。除此之外，第一电离能从左至右大致呈现逐渐增大的趋势（ⅡA、ⅤA 除外）（图 2-5），而电负性也呈现逐渐增大的趋势（图 2-6）。在自然界里，尽管在不同地质体或自然体系中元素的丰度可以有很大的差异，但元素在不同的地质体或自然体系的分布 / 分配过程中，在统计上，是服从元素周期律的。

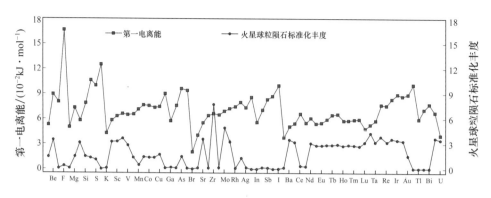

图 2-5　火星 74 种元素被球粒陨石平均值标准化后与
元素第一电离能变化态势对比

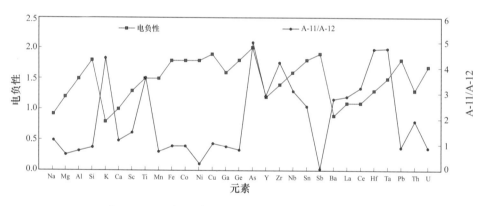

图 2-6　月海玄武岩的两块样品的 29 种元素的
比值变化趋势与元素的电负性变化趋势对比

• 2.3.2　太阳系元素分布特点

目前，已知太阳中含有 85 种元素，而氢元素和氦元素是太阳大气最主要的成分，几乎占据了太阳大气中全部元素数目的 98% 以上（图 2-7）。化学元素在太阳系中的分布特点为：内行星体积小、密度大，以非挥发性元素为主；外行星体积大、密度小，以挥发性元素为主（表 2-2）。

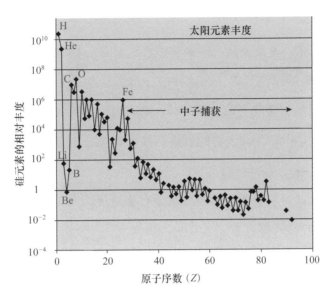

图 2-7　1937 年戈尔德米斯编制的太阳元素丰度表

表2-2　水星、金星、地球的化学成分

组分 /（wt·%）	水星	金星	地球
中间层和表层	32.0	68.0	67.6
SiO_2	47.1	49.8	47.9
TiO_2	0.33	0.21	0.20
Al_2O_3	6.4	4.1	3.9
Cr_2O_3	3.3	0.87	0.9
MgO	33.7	35.5	34.1
FeO	3.7	5.4	8.9
MnO	0.06	0.09	0.14

根据戈尔德米斯元素分类，元素分为以下几种类型：

（1）亲石元素，喜欢分布在地球浅部岩石中，多见于硅酸盐中。比如碱金属和碱土金属就属于常见的亲石元素，通常以硅酸盐矿物的形式分布在浅层岩石表面。

（2）亲铁元素，过渡金属，大多沉积在地核处，易溶于铁。比如铁、金、钌、铂就属于常见的亲铁元素，在地核中分布广泛。

（3）亲硫元素，喜欢与硫、硒、碲（氧族除了氧元素之外的其他元素）结合形成化合物，常常以硫化物的形式存在。比如金属铜、锌的常见矿物就是其硫化物。

（4）亲气元素，主要是指挥发性元素，多见于大气之中。比如氢、氮等元素常常以气态的形式存在着。

总体上看，太阳系行星随着距离太阳由近到远，元素的丰度变化呈现如下规律：

（1）难挥发性元素，特别是行星核的组成元素逐渐减少，如铁、钴、镍、铬的含量逐渐减少。相对于行星核的组成，钛、钒、铀、锆、钼、铂等元素的含量逐渐增多。

（2）形成行星壳层和行星幔的元素逐渐增多，如硅、镁、铝、钙的含量逐渐增多。

（3）亲铜元素和金属元素在 1.5 AU① 的范围内有增多的趋势，后逐渐减少，如铜、锌、铅、铋、镓、碲、镉、银等元素含量呈现此变化趋势。

（4）氧元素由内到外逐渐增多，而变价元素的价态由内到外逐渐升高。

---

① AU 是天文学中计量天体之间距离的一种单位，其数值取决于地球和太阳之间的平均距离，国际天文学联合会在 1964 年决定采用 1AU ≈ 1.4×10^8km。

2.4 陨石
Meteorites

　　"陨石（陨星）"一词最早出自《春秋》，迄今仍沿用不衰，经中国全国科学技术名词审定委员会审定后，将其纳入英汉天文学名词数据库作为标准术语。"星坠至地，则石也。"这是最初由司马迁在《史记•天官书》中对陨石给出的定义。现在，国家天文数据中心将陨石明确定义为从行星际空间穿过地球大气层而陨落到地球表面上的天然固体岩石。

• 2.4.1　陨石的发现历史

　　中国是世界上最早记录陨石或流星降落的国家，古书记载达数百次。最早的记录可能出现在《竹书纪年》中："帝禹夏后氏……夏六月，雨金于夏邑。"《春秋》一书中"鲁僖公十有六年，春，王正月戊申朔，陨石于宋五"，记录的是五块陨石降落在宋国（今河南省商丘县城北）的情景。明代地方志《庆远府志》："正德丙子夏五月三夜，庆远西北方星陨，有星长五六丈，蜿蜒如龙蛇，闪烁如掣电，须臾而灭"，则是从时间、地点、形状、声音和持续时间等多个角度清晰地记录了 500 多年前发生在广西南丹县的一次火流星事件。国外最早的陨石记录大约是在公元前 467 年。古希腊历史学家希罗多德在其著作《历史》中提到，希腊北部的色雷斯地区曾有一颗巨大的火球从天而降，这颗火球后来被认为是陨石。

尽管人类早已记录到陨石降落的现象，但这些从天而降的石头被很多人认为是地球上的火山喷发将石头抛射到空中坠落形成的，或者被解释为"雷石"或雷击的产物。1794年，德国科学家恩斯特·克拉德尼发表了关于陨石起源的论文，基于对自然现象的深入观察和分析，他明确指出陨石来自外太空。尽管他的观点最初并未得到广泛认可，甚至遭受了嘲笑和奚落，但这一先驱性的工作为后续的陨石科学研究奠定了重要的理论基础，它标志着陨石学作为一个独立研究领域的正式提出。

• 2.4.2　陨石的研究意义

陨石，犹如来自遥远天体的"使者"，携带着太阳系早期的物理化学信息。在人类收集的陨石样本中，99.8%源自火星与木星之间的小行星带，只有极少数来自月球和火星。目前还没有发现来自水星和金星的陨石。

人类科学史上的众多重要进展是通过陨石研究发现的，比如地球的年龄和太阳系的年龄是通过测定陨石的铅-铅年龄得到的。原始的碳质球粒陨石富含水和有机物，目前已发现了100多种氨基酸，还有组成地球生命DNA和RNA的全部核碱基类型等，因此碳质球粒陨石为研究地球生命起源提供了绝佳样本。在最原始的球粒陨石中，还发现了前太阳颗粒。前太阳颗粒是我们的太阳系形成之前就已经存在和死亡的恒星吹出的星风或喷出物，它们为我们了解恒星核合成、星际空间和太阳星云过程提供了直接的窗口。尽管来自月球和火星的陨石数量稀少，但它们的存在却极为宝贵。它们不仅为科学家提供了研究这些类地行星表面物质的直接途径，更通过其地质历史、火山活动、撞击事件以及行星分异过程的记录，让我们得以一窥这些星球的内部结构和形成机制。

陨石的研究不仅限于增进我们对其他天体的了解，更触及了宇宙起源和演化的根本问题。它跨越了天文学、地质学、行星科学乃至生命科学的边界，为人类对宇宙的认识开辟了新的视角，同时也为寻找地外生命的可能性提供了新的启示和方向。通过这些来自星辰的碎片，我们得以窥见宇宙的深邃与生命的奇迹。

• 2.4.3 陨石的分类

截至 2024 年 7 月，国际陨石数量超过 7 万块（表 2-3）。根据不同陨石母体在空间和时间上的演化程度不同，现代陨石分类方案将陨石分为三大类，即球粒陨石、原始无球粒陨石和无球粒陨石（图 2-8）。

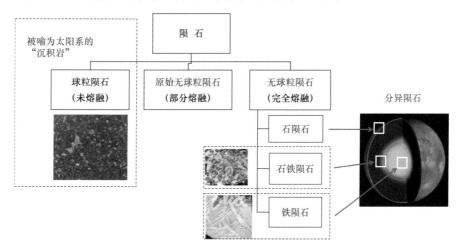

图 2-8　陨石分类简图
球粒陨石被认为是组成行星的前体物质。不同类型的陨石为类地行星物质起源和演化的不同阶段提供了研究样本

表 2-3　截至 2024 年 7 月的陨石数量

	降落型	发现型	总数
球粒陨石	1048	66642	67690
原始无球粒陨石	3	374	377
无球粒陨石	90	3911	4001

数据来源：Mcteoritical Bulletin Database

2.4.4　球粒陨石

球粒陨石是最常见的陨石类型，约占陨石总量的 90%。因为它们含有大量硅酸盐小球，故得名球粒陨石。球粒陨石是通过星云中的尘埃颗粒吸积形成的，因此被喻为太阳系的"沉积岩"。形成之后，球粒陨石没有经历过熔融和分异，仍然保留着原始的化学成分，它们被认为是组成行星的前体物质。球粒陨石主要由球粒、难熔包体以及基质组成，还有金属和硫化物。

2.4.4.1　球粒陨石的组分

（1）球粒

球粒在星云中高温熔融迅速冷却结晶，是大部分球粒陨石的主要组成部分。不同类型的球粒陨石中，球粒的丰度各不相同，且具有各种矿物组合和结构（图 2-9）。球粒中短寿期放射性核素 26Al 的初始丰度表明，球粒的形成时间非常早，在太阳系形成之后的 200 万～500 万年。

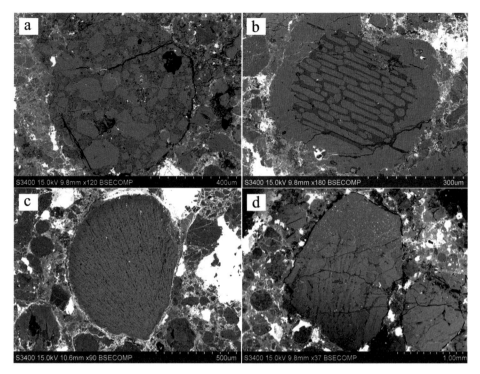

图 2-9　不同结构球粒的背散射电子图像
a.斑状球粒；b.炉条状球粒；c.放射状球粒；d.复合球粒
图片来源：蒋云（紫金山天文台）

（2）难熔包体

难熔包体（图 2-10）在著名的 Allende 碳质球粒陨石中被首次发现。它由富钙富铝的难熔矿物组成，其矿物组成与太阳气体凝聚模型的预测相一致，表明是从太阳星云中高温凝聚而成的。根据放射性同位素定年，难熔包体的精确年龄为 45.6732±0.0016 亿年。因此难熔包体是太阳系中最古老的物质，其年龄代表太阳系的"起点"。

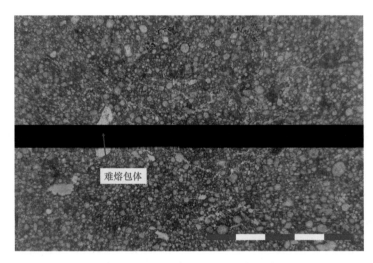

难熔包体

图 2-10　碳质球粒陨石手标本
箭头所示为灰白色的不规则形状的难熔包体，无数圆球为
毫米级 – 亚毫米级大小的硅酸盐球粒，比例尺为 5cm
图片来源：蒋云（紫金山天文台）

（3）基质

　　基质是分布在球粒和难熔包体之间的细粒物质，由于没有经历高温过程，所以保留了太阳星云中最原始的组分。目前发现的前太阳颗粒是在变质程度最低的球粒陨石的细粒基质中发现的。碳质球粒陨石中发现的有机物也主要赋存在基质中。

2.4.4.2　球粒陨石的分类

　　球粒陨石的化学分类可以概括为"三族两群"，即普通球粒陨石族、顽火辉石球粒陨石族、碳质球粒陨石族，以及小众的 Rumuriti 球粒陨石群和 Kakangari 球粒陨石群。

（1）普通球粒陨石族是数量最多的球粒陨石。根据陨石中铁的含量，分为三个化学群——H 群、L 群和 LL 群，H 代表 High，具有最高的铁含量，铁主要以单质金属形式存在，L 代表 Low，铁含量稍低。后来又发现了一种铁含量更低的 LL 群，铁主要以二价铁形式存在于硅酸盐中。

（2）顽火辉石球粒陨石族是强还原的一个族，几乎所有金属都以单质形式存在。根据金属含量可分为高金属含量的 EH 群和低金属含量的 EL 群。顽火辉石球粒陨石中含有一些不寻常的硫化物矿物。

（3）碳质球粒陨石族非常庞大，包含多个不同的群，如 CI、CM、CR、CB、CO、CV、CK 和 CH 等，每个群都以其代表性样品命名，例如 CI 球粒陨石的 "I" 来自 Ivuna 陨石。不同化学群在化学成分、氧化状态和岩石学等方面都有很大差异，但它们代表了太阳系中最原始的物质。值得一提的是，CI 群碳质球粒陨石因成分与太阳的光球层成分一致，而被认为代表了太阳系的平均成分。但是，基于岩石学特征，CI 球粒陨石并不是最原始的，而遭受了严重的水蚀变。

（4）Rumuriti 球粒陨石在许多方面都与普通球粒陨石类似，但它们更加氧化，并且基质的含量更高，基质的体积占比可达约 50%。

（5）Kakangari 球粒陨石相对罕见，具有与其他球粒陨石群不同的特征，因此被单独归为一群进行研究。

此外，根据球粒陨石的热变质和水蚀变等次生特征，可以将球粒陨石分成不同的岩石学类型（如 1～7 型）。在研究陨石过程中，冲击变质（S1～S7 型）和风化程度（W0～W6 型）也是非常重要的分类依据，因篇幅有限，在此不再赘述。

• 2.4.5 原始无球粒陨石

原始无球粒陨石是球粒陨石和无球粒陨石之间的过渡类型，它们是球粒陨石发生部分熔融，部分熔体分离后的残余物质。由于仅发生了小规模的熔融，残留物质保留了球粒陨石的前体成分，因此被称为"原始"，以区分火成无球粒陨石。然而，熔融已经导致球粒结构消失或部分消失，因此被归为无球粒陨石。

通过 Fe/Mn-Fe/Mg 原子比图解可以区分原始无球粒陨石。部分熔融产生的熔体通常具有更高的 Fe/Mg 比值，而在熔体分离后，残留物的 Fe/Mg 比值相应降低。原始无球粒陨石由于部分熔融规模较小，其残留物的成分位于球粒陨石质的 Mn/Mg 比值线附近。

• 2.4.6 无球粒陨石

无球粒陨石是母体完全熔融分异后形成的，其整体成分与原始的球粒物质完全不同，也被称为分异陨石。根据金属和硅酸盐的含量，无球粒陨石可进一步细分为石陨石、石铁陨石和铁陨石。铁陨石是分异星子的核部碎片；石铁陨石则是硅酸盐和金属的混合物，其中金属来自星子核，硅酸盐来自星子幔或壳；而石陨石则主要由星子壳的硅酸盐组成。通过研究不同类型的陨石，有助于我们理解太阳系中天体的热演化和分异过程，以及太阳系的撞击事件等动力学过程。

2.4.6.1　石陨石

石陨石要么是熔体冷却结晶的产物，要么是岩浆结晶的堆晶。由于分异作用，它们与球粒陨石前体完全不同，呈现出各种不同的化学成分和氧化状态。

2.4.6.2　石铁陨石

石铁陨石由大致等量的硅酸盐和金属组成，主要类型有橄榄陨铁和中铁陨石。橄榄陨铁主要由橄榄石和金属组成（图 2-11），被认为是星子核幔混合的产物，但具体的混合机制仍存在争议。中铁陨石是金属和硅酸盐岩屑组成的角砾岩，硅酸盐部分代表的是近地表的成分，目前尚不清楚形成于星子核心和表层的物质是如何混合在一起的。

图 2-11　五龙橄榄陨铁的手标本
黄色橄榄石颗粒分布在银白色铁镍金属基质中，比例尺为 5cm
图片来源：蒋云（紫金山天文台）

2.4.6.3 铁陨石

铁陨石主要由铁镍金属组成。过去根据金属结构的几何排列将铁陨石分为六面体、八面体和无结构铁陨石。如果我们用稀酸腐蚀铁陨石的切面，会出现一种独特的花纹——维斯台登结构（Widmanstätten Pattern）（图 2-12）。维斯台登结构的形成需要数百万年的缓慢冷却，因此，人类无法在实验室中仿制出这种奇妙的纹理。八面体铁陨石呈现维斯台登结构。六面体铁陨石的镍含量较低，几乎完全由铁纹石组成。无结构铁陨石富镍，也缺乏维斯台登结构，它们由非常细粒的铁纹石和镍纹石交生而成，这种结构称为合纹石（Plessite）。

现在基于铁陨石中元素锗和镓的浓度，将铁陨石分为 I～IV 群，反映它们的母体特征和经历的分异过程。另一个分类方案是以它们的小行星母体物质是碳质球粒陨石还是非碳质球粒陨石作为依据，分为碳质铁陨石（包括 II C、II D、II F、III F、IV B 等）和非碳质铁陨石（包括 I C、II AB、III AB、III E 和 IV A 等）。

图 2-12　铁陨石的维斯台登结构
图片来源：蒋云（紫金山天文台）

陨石的命名

截至 2024 年 7 月，国际陨石学会发布的正式陨石已经超过 7 万块。陨石学会定期出版 *Meteoritical Bulletin*，列出新分类的和批准的陨石名称，公众可以随时访问国际陨石数据库进行查询（https://www.lpi.usra.edu/meteor/）。

陨石的命名是一个标准化的过程，通常由国际陨石学会的命名委员会负责。大部分陨石都以距离它们被发现地最近的地理位置来命名，可以是人文特征或自然特征。例如，五龙陨石就是以发现它的五龙村来命名。如果同一地点在不同时间发现了多块陨石，则在地理信息前缀之后增添年份信息来区分它们，例如 Wethersfield 1971 和 Wethersfield 1982。此外，科考团队和陨石猎人还会专程前往南极和沙漠搜集陨石，这些地区由于干燥的气候条件，能够更长时间保存陨石并减缓其受地球风化的影响。在这些高密度的搜集区域，通常会用数字结合地理位置命名陨石，例如南极陨石 Allan Hills (ALH) 84001，表示 1984 年在南极艾伦山脉发现的第一块陨石。例如沙漠陨石 NWA 12869，表示在西北非沙漠发现的第 12869 块陨石。关于陨石命名更详细的规则可以在 *Meteoritical Bulletin* 的第 94 期中查询。

2.5 太阳系 / 地球的年龄
The Age of the Solar System/Earth

自古以来，人们一直致力于采用不同的方法来测定地球的年龄，并取得了不同程度的进展。1896 年，物理学家贝克勒尔发现了放射性元素——铀，为地球年龄的测算提供了理论基础；在 20 世纪 50 年代，科学家给出了地球的年龄约 45 亿年的论断，终于解决了困惑人类达 2000 多年之久的千古谜题。

• 2.5.1 关于地球年龄的争论

2.5.1.1 对"上帝"的质疑

在基督教的长期影响下，一些人对厄舍尔大主教根据《圣经》中的历史和族长的年龄推算出地球诞生于公元前 4004 年，也就是诞生于 6000 年之前这一论断深信不疑。这一充满浪漫主义的论断不断影响着物理学家们。

最早利用物理学知识对地球年龄进行测算和思考的是牛顿。他先是观察了一系列热星的冷却过程，总结了冷却过程的经验定律，然后将此定律带入地球的冷却。他假定地球全部由铁组成，在形成时可能是处于火红状态，他估计要冷却到现在的表面温度将花费 50 000 年时间。但牛顿并没有对传统观点提出深刻的质疑和讨论，也只是停留在了理论计算阶段，并没有经过具体的实验测试。

18 世纪，物理学家布丰沿着牛顿的思路继续思考，做了具体的实验进行验证。他进行了一系列不同成分、不同体积球体的冷却实验，然后计算出各种星体从炽热冷却到生物可以生存的温度所需要的时间。结合实验结论和经验公式，布丰认为，地球需要 100 696 年才能冷却到现在的温度。随后他又根据牛顿的假设对自己的结论进行了修正，考虑到石灰质材料比铁质材料冷却所需时间短，他认为，需要 74 832 年地球才会冷却到现在的温度。显然，从我们现在的角度来看，布丰的结论与实际情况相差甚远，但是他勇于利用科学知识打破传统权威，富有实验精神和对传统观念质疑的精神，也为后续对地球年龄的进一步测算打下了基础。

2.5.1.2　从地球冷却角度开展的计算与讨论

来自维多利亚时代的开尔文勋爵一生都在追寻神秘地球的历史。他认为，地球年龄与地球冷却的历史有关。他认为地球在初始形成时是一颗炽热的火球，在冷却过程中热量将传送到地球表面，然后地球把能量辐射到宇宙空间。也就是地球从中心到周围不断释放热量，最终变为一个温度均匀的固体热球。开尔文勋爵做出了几个重要假设。假定这个温度达 7000℃，并且假定温度随地球深度以一定的速度升高。开尔文通过对上述假设的综合分析做出推断：地球的年龄在 2000 万至 4 亿年。

达尔文的次子和开尔文勋爵的学生都对开尔文在对地球年龄推算过程中做出的假设提出了质疑，但他们都未否定开尔文的观点。19 世纪后半叶的地质学家利用沉积岩形成的速度得出了许多地球年龄的估计值，都在 1 亿年左右，这都在开尔文的预估范围之内。

巴黎自然历史博物馆的物理学教授亨利于 1896 年发现了铀盐能散发出穿透能力很强的射线，这就是铀的放射性。这是物理学史上的一座丰碑，由此人类进入了核物理时代。同时也提出了开尔文勋爵的假设不合理之处——开尔文勋爵对地球年龄的估计值未能考虑到放射性元素产生的热量，因此他的模型不能完全适用于真正的地球。

• 2.5.2　放射性元素衰变定年法

在一定时间内，放射性元素衰变的数量与生成元素的数量之间有严格的比例。在原子物理中，人们把放射性元素衰变到原来质量一半的时间叫元素的"半衰期"。不同元素有不同的半衰期，有的长达 10^{16} 年，有的短达 10^{-7} 秒。这里半衰期的年和秒均是现在的标准。较长半衰期的放射性同位素系列可作较长事件的时间尺度，较短半衰期的放射性同位素系列可作近期事件的时间尺度。由此可以看出，放射性元素是量程大、报时准的天然地质钟，是确定地球年龄的理想尺度。

1907 年，美国化学家博尔特伍德获得了首次发表铀 – 铅 (U–Pb) 时钟的殊荣，这也是利用 U–Pb 定年的开始。根据对北美、挪威和锡兰（今斯里兰卡）的 10 个地点的铀矿物的分析，他认为 U 元素最终衰变成了 Pb 元素，根据衰变时间计算出了 U–Pb 时钟，并认为地质年代分布为 22 亿年左右。但是，当时的人们并不知道铀有两种同位素，^{238}U 和 ^{235}U 二者均是放射性的；因此，应当存在两种 U–Pb 时钟。博尔特伍德所做的推测是正确的，U 元素的确会衰变成 Pb 元素。但是当时的人们也并不知道铅有 4 种稳定同位素（^{204}Pb、^{206}Pb、^{207}Pb 、^{208}Pb）。^{238}U 仅仅衰变成 ^{206}Pb，而 ^{235}U 最终衰变成 ^{207}Pb，两个时钟的运行速度截然不同。博尔特伍德将两个时钟放在一起计算得到了结论，很显然他的结论也是对地球年龄的错误解读。

1914 年，新西兰物理学家卢瑟福在卡文迪什实验室用质谱仪首次测出了同位素。同位素是指质子数（或电子数）相同、中子数不同的同一元素的不同核素的互称。恒星核合成反应产生了各种稳定同位素和放射性同位素，其中放射性同位素随时间推移会衰变成另一种元素。

苏联科学院镭研究所的地球化学家格尔林接过了地球年龄研究的接力棒。格尔林假定地球在形成时含有铀同位素 ^{238}U、^{235}U 和铅同位素 ^{204}Pb、^{206}Pb、^{207}Pb 、^{208}Pb。由于铀同位素放射性衰变成为 ^{206}Pb、^{207}Pb，因此地球中铅的同位素组成将随时间推移而稳定变化，而这个变化的速率与 U 元素的半衰期有关，因此 U–Pb 就像一个时钟一样记录着地球中铅同位素的含量变化，指针变化的单位就是 U 的半衰期。格尔林选择方铅矿作为地球内部的时钟，其铅同位素成分在铅矿形成时完全被凝结在其中。格尔林发现这一时期铅读数和现代矿石时钟读数的差值约为 31 亿年。但是他计算出的"现代"是 1 亿～3 亿年以前，因此他又将这一数值加上 31 亿年得出今天地球的年龄为 32 亿～34 亿年。

• 2.5.3　陨石确定地球"零点"

铁陨石实际上不含铀,因此铁陨石所含的铅因陨石结晶而总是保持不变，所以如果铁陨石与地球在同时形成并且俘获同样的同位素组成的铅，那么测定铁陨石中的铅的同位素组成即可通过同位素半衰期等信息确定地球年龄。

帕特森、豪特曼斯等美国科学家经过艰苦的努力，建立了用于分离和浓缩来自铁陨石的微量且未被污染的初始铅量的测定方法。帕特森所用的铅同位素，一种来自海洋沉积岩，另一种来自年轻的火山矿物，将海洋沉积岩时钟的读数减去铁陨石的时钟读数，得到地球年龄为45.1亿年，而根据午轻火山的铅同位素测定地球的年龄为45.6亿年。

对于地球（图2-13）年龄的测定，目前较为权威的做法是豪特曼斯用读数为零点年龄的铁陨石铅同位素时钟。他将其从方铅矿中发现的同位素时钟读数中减去，结果发现地球的年龄为45亿年，可能的误差为3亿年。1956年他发现石质陨石年龄为45.5亿年，可能误差为0.7亿年。

图2-13　地球

• 2.5.4 克莱尔·卡梅伦·帕特森
——发现地球年龄的人

地球的年龄到底是多少？科学史上最具争议的问题之一是各种估计地球年龄的方法。美国地球化学家克莱尔·卡梅伦·帕特森（1922—1995）结束了关于地球年龄的长久争论。帕特森的第一个科学成就是对地球年龄的发现。

1946 年，帕特森研究所创始人斯科特·布朗（1917—1986）回到芝加哥大学化学系担任助理教授，与曼哈顿计划的前同事一起在美国学习。布朗为了分析古代铁陨石和现代岩石的铅同位素，找到了质量分析学合格的学生帕特森。当时的科学家们知道地球上存在着多种铅同位素。有一部分是原始的，地球形成的时候就存在了；另一部分是铀和钍放射性衰变的结果。所以地球上铅的同位素组成不是静态的，而是经常变化的。地球的年龄可以通过比较地球形成时地壳中铅同位素的比例来确定。虽然在 20 世纪初发明了计算地球年龄的方程式，但铅的数目无法计算，因为无法确定早期铅同位素的组成。一旦测量出来，就可以插入求地球年龄的方程式。

1948 年，布朗与约翰·帕特森和乔治·蒂尔顿（1913—2010）合作，开始了第一次确定陨石锆石年龄的工作。锆石的年龄是通过测量微量铀与铅的比例来计算的，铅是一种衰变产物。他们用锆石测量了铀，用帕特森测量了铅锆石。

帕特森博士毕业后继续留在芝加哥大学跟随布朗进行博士后研究，这时他把注意力转向了陨石。帕特森在布朗的帮助下申请到原子能委员会的拨款，建立了铅同位素化学领域的第一个实验室。1953 年，帕特森用亚利桑那州迪亚布洛峡谷铁陨石进行分离，终于得到足够的超洁净的原始铅样品，他把珍贵的样品带到阿贡国家实验室做质谱分析。当他完成实验的时候,他知道了陨石、地球和太阳系都有 45 亿年的历史。

1953 年 9 月,他在威斯康星州格林湾由美国国家科学基金会国家研究委员会主办的地质环境中核过程会议上宣布了这一研究成果。1956 年,帕特森以《陨石和地球的年龄》为题在《地球化学与宇宙化学学报》上发表论文,将地球的年龄精确到 45.5±0.7 亿年。这一研究成果发布至今已 60 余年了,地球年龄只经历了轻微的调整,目前认为地球的年龄为 45.4±0.5 亿年。这一基准性工作是 20 世纪地球化学史上最伟大的成就之一。

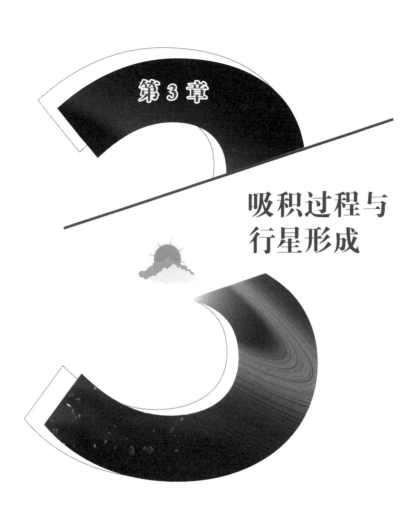

第 3 章

吸积过程与
行星形成

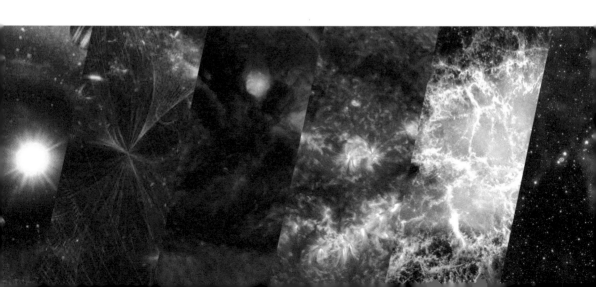

3.1 基本概念
Basic concepts

• 3.1.1 星子

3.1.1.1 星子的概念

宇宙中存在的尘粒团簇,在相互碰撞聚生过程中逐渐形成的先驱小天体,称为星子。太阳系行星和卫星表面存在的撞击坑分布,可以直接证明在太阳系形成早期有众多的星子存在。

3.1.1.2 星子的形成

星子是如何形成的?目前总的来说有两种模型:一个是碰撞合并模型,另一个是引力不稳定模型。

(1) 碰撞合并模型

在碰撞合并模型中,星子是从小到微米级的尘埃颗粒一步一步通过两两碰撞凝聚生成的。支持该模型的证据包括:①观测中已经发现一些原恒星中的尘埃颗粒明显比星际中的尘埃大,表明这些尘埃正在凝聚长大;②实验室里发现并证实，微米级的尘埃可以通过表面范德华力和静电力作用非常有效地碰撞在一起逐渐长大。但是这个模型在固体物质长大到米级大小时，问题出现了。一方面，米级左右大小的固体物质表面黏力已经非常弱，而且这样大小的物体内部很脆弱，相互之间的碰撞并不能使它们进一步长大，反而会越碰越碎，因此米级大小的固体物质进行碰撞合并生长的效率是非常低的；另一方面，米级大小的固体在原行星盘中由于受气体的拖曳阻尼作用会产生非常快的径向漂移，这种漂移速度之快不仅扩大了相互之间的碰撞速度，同时自身也将在几百年的时间里落入中央恒星。这两方面的问题就构成了著名的"米级屏障"。

"米级屏障"一直是碰撞合并模型中最为突出的关键问题。近几年来，一些研究显示一定条件下可以跨越这个屏障。实验室发现，米级大小的固体如果与厘米级以下的尘埃高速碰撞则可以获得生长。数值模拟也显示一些"幸运"的米级大小固体可能通过吸积小颗粒尘埃生长而跳过"米级屏障"，变成千米级以上的星子。但这些只是最近一些研究的初步结果。"米级屏障"可能在今后相当长时间里还会是困扰人们理解星子形成的最关键问题之一。

（2）引力不稳定模型

为了绕过碰撞合并模型中出现的"米级屏障"，早在 20 世纪 70 年代初，科学界就提出，星子可能形成于原行星盘中心平面附近处致密尘埃颗粒盘导致的碎裂。碎裂的盘将在自引力下形成 $1 \sim 10$ km 大小的星子。这个模型的优点在于，它使得星子由厘米级以下的小尘埃直接跨过米级大小形成千米级以上的星子。虽然没有了"米级屏障"问题，但是这个模型也有一个饱受垢病的问题，那就是，盘碎裂所需的条件非常苛刻。在 MMSN 星云模型中，如果要让尘埃盘在自引力下碎裂，那么尘埃盘的厚度必须小于气体盘厚度的万分之一，即 $h_d/h_g<10^{-4}$。如此薄的尘埃颗粒盘在现实有湍流扰动的情况下是很难存在的。即使气体盘自身没有湍流扰动，在致密的尘埃盘和气体盘的交界面上，也会出现剪切不稳定性阻止薄盘的形成。虽然薄盘不稳定模型可能不能实现，但是它给探索星子形成的理论工作者们一个思路，就是寻找原行星盘中尘埃颗粒的聚集效应，看能不能达到引力不稳定的条件最终聚集形成星子，同时又跳过了"米级屏障"。

引力不稳定模型正是在这样的思路上获得了突破性的进展。一方面，2005 年发现冲流不稳定性，即在气体对固体颗粒的拖曳作用下考虑固体对气体的反作用力，那么尘埃颗粒会不断地聚集起来。2007 年细致的模拟显示，在流线不稳定性下，米级大小的固体可以快速直接地聚集形成星子，而且形成星子的典型大小为 100 ～ 1000 km。另一方面，研究发现原行星盘中的涡旋湍流可以有效地将毫米到厘米级的尘埃颗粒聚集成团，形成的团块在一定条件下可以通过自引力坍缩形成星子。通过这种方式形成星子的典型大小为 10 ～ 100 km。

虽然引力不稳定模型在星子形成领域进展很大，但是这些新提出来的模型才处在开始研究的初步阶段，有一些问题还需要探讨和解决。比如流线不稳定模型只对米级大小的固体颗粒有非常好的聚集效果，对一般典型尘埃颗粒（毫米到厘米级）的聚集效果则差很多。此外，新模型主要局限在盘的局部，还需要给出全局中星子形成的效率和速率。

3.1.1.3 星子的发展

星子阶段的主要进程是，由碰撞过程产生大的聚集体，如 $1 \rightarrow 1000$ km，质量约为地球质量的 1%，引力开始成为主要增生方式，这是一个快速增生过程，较大的物体比较小的物体增生更快。随着星子变得更大，碰撞更为稀少和更为激烈，原行星被碰撞产生的能量加热，进而急剧生长。

星子阶段的主要机制是碰撞作用。碰撞可能出现三种结果：增生，分散，破碎 + 再堆积 / 脱落。出现哪种结果，取决于碰撞时的碰撞比能 Q。对于与目标物相比属于小冲击时，以下式定义其碰撞比能：

$$Q \equiv mv^2/2M$$

式中，m 是撞击物质量，M 是目标物质量，v 是碰撞速度。碰撞比能 Q 低时，发生增生，目标物从碰撞中增加质量；碰撞比能 Q 高时，发生分散，目标物被破坏，飞散成为自由碎片；碰撞比能 Q 适中时，发生破碎 + 再堆积 / 脱落，目标物变为"碎石堆"。

根据碰撞比能可以确定物体的破坏阈值。对于特定大小物体破坏阈值 Q_D，定义为

$$Q > Q_D$$

计算出的不同尺度星子破坏阈值 Q_D 表明，小物体强度占优势，由于有更多的缺陷，总体上它比更大的物体较弱；大物体引力占优势，由于它们的自身引力，比较抗破坏。研究证实，最弱的星子在 100 m ～ 1 km，其破坏阈值 Q_D 最低，较大的物体会增生，除非它被激发成大的偏心率 / 倾角。

引力聚焦（gravitational focusing）会增加星子碰撞的概率。考虑质量为 m 的两个物体，相对速度（在无穷大处）为 σ，引力偏转其弹道（trajectories）

使之具有较大的碰撞截面，进而产生碰撞。能量和角动量的补偿产生引力聚焦总量：

$$\pi R_s^2 \left(1+\frac{v_{esc}^2}{\sigma^2}\right)$$

式中，πR_s^2 是物理碰撞截面，$\frac{v_{esc}^2}{\sigma^2}$ 是引力聚焦的增量，v_{esc} 为穿透（escape）速度。引力聚焦的简单结果在很大程度上造成急剧生长。

急剧生长通常是星子阶段后期的一个历程。如果都是小物体，将有 $v_{esc}<\sigma$，即有相对较低的碰撞速率和缓慢生长；如果有一个物体生长稍快，便使 $v_{esc}>\sigma$，物体增长更快，超过它的近邻，称为急剧生长。

星子到行星的演化也可以用集居数（population）来描述。集居数是在单位体积内物体（在此指星子）的数量。星子到行星的演化是在一个最初尺寸粗略相近星子的巨大集居数的情况下开始的。星子到行星的演化可以描绘为靠拢遭遇（与引力聚焦相当）和急剧生长。

星子阶段的特点是从常规生长发展到急剧生长。

常规生长时，在一个最初尺寸粗略相近星子的巨大集居数的情况下，有大小分布和相对速度分布的集体增长。急剧增长的特点是最大的星子比其他星子更快生长，导致原行星胚胎迅速形成。同时，由星子引力造成它们在同心轨道上彼此以几个 Hill 球半径相隔离。在考虑星子的引力相互作用时，经常使用"行星作用范围球（Hill 球）"术语。Hill 球是指行星重力超过太阳重力潮汐而使周围星体能稳定存在的区域。描绘 Hill 球常用 Hill 球半径，即

$$r_{Hill} = \left(\frac{M_p}{3M^*}\right)^{\frac{1}{3}} a$$

式中，a 是半主轴，M_p 为行星质量，M^* 为恒星质量。

根据大量的观测结果和理论研究，现在认为的行星系形成过程大致是：死亡的前代恒星抛出物质，这些星际物质可能聚集成分子云，附近的超新星爆发等过程触发激波和湍流，导致星云坍缩并转动，在一定条件下将形成原恒星和原行星盘（图 3-1）。

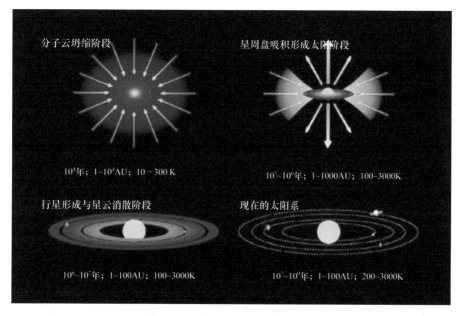

图 3-1　太阳系与行星的形成

● 3.1.2　行星胚胎

3.1.2.1　行星胚胎的概念

行星胚胎是由前代恒星剩下的物质所组成的。尘埃云围绕着年轻恒星旋转的同时，在恒星引力和尘埃间碰撞的共同作用下，逐渐形成圆盘状结构，这种结构可以作为一种行星形成的孵化器，被叫作行星胚胎。

如图 3-2 所示，在原恒星阶段，围绕恒星胎的包层中的物质掉落到恒星上面，从而促进了恒星的生长，可以达到 10 000 AU；在进入金牛 T 阶段，包层几乎完全消失，年轻的恒星的质量也几乎不再增加，此时的恒星被星周盘包裹，其中盘的质量是中央星质量的 1% ～ 10%，体积大约为 200 AU。

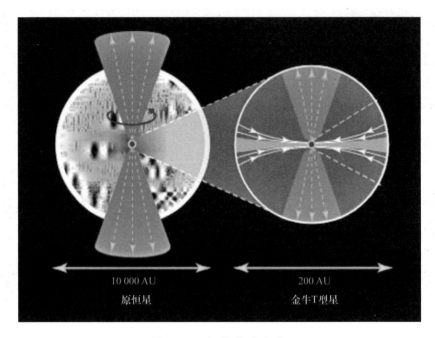

10 000 AU

原恒星

200 AU

金牛T型星

图 3-2　行星盘的产生

围绕年轻恒星的盘在行星形成时起到了重要作用。开始称之为"星周盘"，然后是"原行星盘"，之后又称之为"吸积盘"。它们其实都指代同一个盘，只不过讨论不同内容时所用的说法不同。当它们作为围绕恒星的盘讨论时，我们称之为"星周盘"；当涉及行星形成时，称它为"原行星盘"；当我们讨论关于盘传输物质到中央星上时，就把它们称为"吸积盘"。

在整个宇宙中，我们已经发现了数百个这样的原行星盘，但由于宇宙环境的复杂性，天文学家们一直难以观察到行星的诞生和形成的过程。

直到 2018 年，天文学家使用智利的阿塔卡马大型毫米波阵列（ALMA）发现了一个年轻的行星形成盘，它似乎直接从盘中的气体中形成行星。这一发现以及其他类似的发现，为研究行星的形成和太阳系的起源开辟了一条全新的道路。通过研究星际气体云的性质及其坍缩的条件，科学家们希望能更深入地了解行星是如何形成的，以及是什么因素决定了它们的组成和特征。

3.1.2.2　行星胚胎的形成

主流观点认为，每一个新生恒星系统初期是前代恒星剩余物质所组成的尘埃云，围绕着年轻恒星旋转的同时经过引力作用和尘埃间不断的碰撞，逐渐形成行星的"胚胎"。

当尘埃微粒与星子团块聚集到千米级时，它们之间作用力的性质会发生根本性的改变：引力在尘埃颗粒之间不再发挥作用，但它成为星子之间的主要作用力。星子是吸积生长还是碰撞破裂，引力大小是关键。其中最著名的机制是"滚雪球效应"：小团块不断聚集，最终形成行星胚胎。这一过程的主要依据是：团块越大，越易于拦截小团块，从而增加自身质量。当团块被冰层覆盖时，这种滚雪球效应会愈加明显，如冰线（在离类太阳恒星 4 AU 的位置）之外。在这种情况下，星子能更好地"黏合"在一起。根据模型预测，冰线以内，不到 100 万年的时间内就可能形成月球质量大小的天体；冰线以外，几百万年的时间内就可能形成几倍地球质量的天体。考虑到盘的寿命问题，这种解释也是合理的。

事实上，当这些小团块的相对速度较小时，这一过程更为高效。因为这样会降低它们相互碰撞的可能性，从而形成更大的团块。从行星系的形成来看，大天体质量增加的速度比小天体快得多，这就是我们熟知的"寡头生长"。星子吸积模型假设所有被吸积物都是星子的形式，星子吸积中气体阻力可以忽略不计，只有引力在星子和行星相互作用过程中起重要作用。星子吸积由纯引力动力学控制，导致引力聚焦效应，碰撞截面 σ 相对于纯几何截面 πR^2 增强。行星生长有先后两个阶段，即暴涨和寡头，行星核心的质量吸积率分别正比于当前质量的 4/3 次方和 2/3 次方。在暴涨阶段，行星的吸积率会随着质量的增大而增大。一旦生长中的行星胚胎变得足够大，足以动态地搅动较小的星子，暴涨的生长阶段就会结束。然后生长过渡到寡头阶段。在寡头阶段，行星的吸积率会随着质量的增大而减小。

星子要发展为一颗行星，在吸积过程中会受到诸多因素影响，如星子大小、盘面位置和表面密度。对于星子本身而言，大星子（100 km 大小）由于受到引力的影响大，因此在其轨道稳定运行并吸积周围的卵石和小星子；小星子（1 km 大小）由于受到气流的影响大，因此它于气体盘中会发生径向漂移，最终可能被大星子或行星胚胎吸积。星子吸积的效率不仅随着行星质量的增加而迅速下降，而且随着轨道距离的增加和宿主恒星质量的下降而下降。因此，在此模型中，在雪线外形成大质量行星胚胎所需的时间就太长了。若星子核质量在行星盘早期达到临界质量（10 倍地球），星子则可以迅速吸积周围的气体，最终形成巨行星；若于气体盘晚期或气体盘消散才达到一定质量，则形成类地行星或超级地球。对于双星系统而言，行星可分为 P 型（围绕两个恒星进行公转）与 S 型（围绕着恒星双星中的一颗恒星进行公转）行星。两恒星间的距离对 S 型行星的形成起到决定性作用（以 100 AU 为界）。若恒星距离过近，伴星会截断原行星盘并激发星子的轨道，对 S 型行星的形成造成影响。经过寡头生长后，形成了行星胚胎。

图 3-3 展示了数值模拟的结果，图中每一点都代表一个正在形成中的天体（点的大小与天体的质量成正比）。每个天体都有特定的椭圆轨道，图中纵坐标表示其轨道的偏心率 e（$e=0$ 表示标准的圆形轨道；$e=1$ 代表无限延伸的轨道）。假定大多数具有初始质量的行星胚胎集中分布于 $0.5 \sim 2$ AU 的区域内，随着天体的相互碰撞及引力弯曲，某些天体趋向于生长，它们的轨道偏心率变化不大（$e \approx 0$）；而最小的天体则倾向于越来越分散（有很大的轨道偏心率），然后永久地离开这个系统。根据模拟结果，200 Ma 之后就可以形成类似于内太阳系（小行星带以内）的行星系。

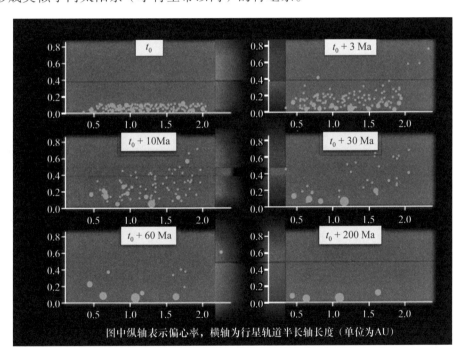

图中纵轴表示偏心率，横轴为行星轨道半长轴长度（单位为AU）

图 3-3　从行星胚胎到太阳系类地行星形成的数值模拟分析

总之，行星的形成一直是一个迷人的研究领域，目前仍处在刚刚探索的阶段。虽然关于这一过程还有很多未知之处，但最近的发现提供了强有力的证据，证明它确实发生在自然界中，科学家们渴望更多地了解这一神秘而有趣的现象。

• 3.1.3 类地行星、类木行星、小行星带

3.1.3.1 类地行星

（1）什么是类地行星

类地行星是指与地球相似的岩石质量行星，它们通常具有固态表面和相对较高的密度。类地行星是太阳系中的行星类型之一，也是我们所知的最有可能存在生命的地方。

太阳系中，有4颗类地行星，它们也是离太阳最近的4颗行星：水星、金星、地球和火星。在太阳系形成的过程中，可能有更多的类地行星，但它们要么相互融合，要么被毁灭。

水星（图 3-4）是最靠近太阳的行星，也是八大行星中最小的行星。较小的公转轨道，导致它的公转速度远远超过太阳系的其他行星，大约116天便会和地球会合一次。水星的星球表面昼夜温差极大，白天时赤道地区温度可达437℃，夜间可降至 –172℃，这和它表面极为稀薄的大气层有关。水星上有极稀薄的大气，主要含有氦、氢、氧、碳、氩、氖、氙等元素，稀薄的大气层导致水星无法有效保存热量。

水星是太阳系内与地球相似的4颗类地行星之一，拥有一个相对大的铁质核，内部也分为壳、幔、核三层，大约由70%的金属和30%的硅酸盐组成。

水星密度较高，平均密度为 5430kg/m³，略微小于地球密度，却比金星密度（5200kg/m³）大。

水星的地貌与月球类似，拥有广泛的起伏平缓、多丘陵平原区域，布满了各种大大小小的凹陷，与月球的海非常相似。

水星表面一个不寻常的特征是拥有众多的峭壁或压缩皱褶，它们在平原表面交错。科学家发现，这些皱褶是在如今才形成的，随着行星内部的冷却，水星可能会略为收缩，导致表面开始变形，而造成这些特征。水星的表面也会被太阳扭曲——太阳对水星的潮汐力比月球对地球的强 17 倍。

图 3-4　类地行星——水星
图片来源：NASA

　　金星（图 3-5）的大小和地球差不多，它有一层厚厚的、以二氧化碳和氮为主的大气层，能够吸收热量，使它成为太阳系中最热的行星。金星没有已知的卫星，这个星球的表面大部分是火山和深谷。金星上最大的峡谷绵延近 6500 km，有可能仍有一些活跃的火山。

　　很少有航天器能够穿透金星厚厚的大气层并存活下来，金星上的陨石坑比其他行星上的陨石坑要少，因为只有最大的流星才能到达这里。

图 3-5　类地行星——金星
图片来源：NASA

　　地球（图 3-6）是人类共同生活的家园。在四颗类地行星中，地球是最大的，也是唯一拥有大面积液态水的行星。像其他类地行星一样，地球表面有岩石，有山脉和峡谷，还有一个金属内核。地球大气层主要由 78% 的氮气和21%的氧气组成，还有部分水蒸气可以用来调节地球的日常温度。地球有一个北磁极，每年漂移几十千米，一些科学家认为这可能是南北磁极翻转的早期迹象，上一次大翻转发生在78万年前。

图3-6 类地行星——地球
图片来源：NASA

火星（图3-7）拥有太阳系中最大的山，海拔近24 km，将近珠穆朗玛峰海拔的3倍。火星大部分表面都非常古老，布满了陨石坑，而且其地质活动比较活跃。在火星的两极是极地冰盖，在火星的春季和夏季，冰盖的覆盖范围会缩小。

火星的密度比地球小，磁场为地壳剩磁，目前的研究表明火星很可能为液态核。虽然科学家还没有在火星上发现生命存在的证据，但已知火星上有水、冰和有机物，其中一些是构成生物的必要成分。在地表的一些地方也发现了存在甲烷的证据，甲烷是由生命诞生过程产生的。火星有两个小卫星：火卫一和火卫二。这颗红色的行星也是宇宙飞船的热门目的地，它可能是适宜居住的。

图 3-7　类地行星——火星
图片来源："天问一号"中分辨率相机拍摄

（2）类地行星的特征

① 岩石质量：类地行星主要由岩石和金属组成，相对较高的密度使其在太阳系中较为坚固。

② 固态表面：类地行星具有固态表面，与气体行星相比没有明显的大气层。这使得它们的表面更适合地质和地形特征的形成，例如山脉、峡谷和火山。

③ 外部层：类地行星通常具有外部岩石层，类似于地球的地壳。这层外部层可以包含陆地和海洋。

④ 相对较小：与气体巨大行星相比，类地行星的尺寸较小。太阳系中的类地行星包括地球、水星、金星和火星，它们的直径在 4 879 ~ 12 742 km。

⑤ 多样的地质特征：类地行星展示出多样的地质特征，包括火山活动、地壳板块移动、撞击坑等。这些特征揭示了行星的演化历史和内部结构。

⑥ 适宜生命存在：由于类地行星具有固态表面和适宜的温度范围，它们被认为是宇宙中最有希望存在生命的地方。地球是目前我们已知在太阳系内唯一存在生命的类地行星，但科学家也在探索其他类地行星上是否存在生命的迹象。

3.1.3.2 类木行星

（1）什么是类木行星

类木行星，也被称为气体巨大行星，是指太阳系或其他恒星系中具有巨大质量和气体组成的行星。与类地行星相比，类木行星主要由气体和液体组成，而不是岩石和金属，因此，类木行星体积与其他岩质的行星相比会稍大一些。太阳系内的类木行星包括木星、土星、天王星以及海王星 4 颗行星。

木星（图 3-8）的体积巨大无比，它的质量是地球的 318 倍。从地球上看去，太阳系八大行星中，木星的亮度仅次于金星。它是一个沸腾的星球，它的大气像波浪一样上下翻滚，其中还夹着大大小小的气旋。

天文爱好者十分熟悉的大红斑位于木星的南半球。这是一个按逆时针方向旋转的气旋，呈红色，在大多数天文学家眼里是一个能装下 3 个地球的大"台风"。在木星的背阳面，还能见到极光、流星和闪电，艳丽夺目。与土星、天王星、海王星一样，木星也有光环，但木星的光环十分暗弱。

木星有 79 颗卫星，居太阳系之首。其中，木卫一上火山活动异常激烈，每年覆盖在其表面的火山灰厚达 1 cm，这颗卫星整个淹没在火山灰中，它还有一个红色的极冠。木卫二表面海洋的深度比地球上最深的马里亚纳海沟还深 4 倍，海洋表面结着厚厚的冰层。木卫三表面存在断层，有山脊和峡谷，是太阳系中除了太阳和八大行星以外最大的天体。木卫四上有一些由同心环围绕的大盆地，地势起伏不大，同心环盆地放射出奇特的亮光。

木星卫星的物理和轨道特性差异很大，轨道形状从近正圆到高偏心率不等，有的卫星轨道方向和木星的自转方向相反。

图 3-8　类木行星——木星
图片来源：NASA

土星（图 3-9）最突出与明显的特征是他周围形成的美丽宽阔的土星环，这是由成千上万的小环组成的，环中有不计其数的小颗粒，围成像花朵一般美丽的图案。

土星环位于土星的赤道面上，在空间探测以前，从地面观测得知土星环主要有 5 个，其中包括 3 个主环（A 环、B 环、C 环）和 2 个暗环（D 环、E

环）。土星光环形成机理复杂，形态各异，环中有不计其数的小颗粒，其大小从微米级到米级都有。环中的颗粒主要成分是水、冰，还有一些尘埃和其他化学物质。

在环的中间有一些空隙，其中较大的缝隙，如卡西尼缝（天文学家卡西尼在 1675 年发现的）和恩克环缝，都能从地球上看见。

土星环是太阳系中最壮观的景象之一，但在科学家最近的研究中发现，土星环中的冰粒正不断被侵蚀，形成倾盆大雨降落到这颗气态行星上，并且这种现象已经持续了较长一段时间。

土星拥有太阳系中最庞大的卫星系统，其卫星数量众多，被命名的卫星中，最大的一颗直径为 5150km，被命名为土卫六"泰坦"，它是太阳系中唯一拥有稠密大气层的卫星。

土星外围的大气层包括 96.3% 的氢和 3.25% 的氦，上层的云由氨的冰晶组成，较低层的云则由硫化氢铵或水组成。

图 3-9　类木行星——土星
图片来源：NASA

天王星（图3-10）是一颗奇美的淡蓝绿色星球，距太阳19 AU，体积是地球的61倍。有时它的自转轴几乎指向太阳，因为其赤道面和轨道面的交角达98°之多。天王星上的一昼夜相当于地球上的96年。

身为一颗冰巨星，天王星并没有真正的表面。行星（表面）主要是旋流。虽然航天器在天王星上没有地方可以降落，但它也不能毫发无损地穿过天王星的大气层，因为极端的压强和温度会摧毁金属航天器。

天王星有27颗卫星。大多数绕其他行星旋转的卫星从希腊或罗马神话中得名，但天王星的卫星得名于威廉·莎士比亚和亚历山大·蒲柏作品里的人物。

天王星的所有内卫星看上去都大约有一半是冰，一半是岩石。其外卫星的组成成分尚不清楚，它们可能是被捕获的小行星。

图3-10 类木行星——天王星
图片来源：NASA

海王星（图 3-11）是太阳系中离太阳最远的行星，平均距离太阳约 $4.8×10^9$ km，大约是地日距离的 30 倍。由于距离太阳较远，海王星的温度非常低，平均温度约为 -214 ℃，但也比天王星温度高。

海王星的外观呈现出深蓝色，这是由于它的大气中含有的甲烷吸收红色光线而反射蓝色光线。这使得海王星成为太阳系中颜色最鲜艳的行星之一。

海王星还拥有强烈的气候活动。由于其大气层中的气流和风暴，海王星的气候表现出复杂多样的特点。其中最著名的特征是海王星上的巨大风暴，比如著名的"大暗斑"和"小暗斑"，这些风暴可能持续存在了数十年甚至数百年。此外，海王星也有着异常强大的磁场，是太阳系中除了木星磁场外最强大的行星磁场。这个强大的磁场可能是海王星内部的液态金属氢引起的，而这也使得海王星成为一个类似于地球一样的磁场生成机制的独特案例。海王星有 14 颗已知的天然卫星，其中最大的也是唯一拥有足够质量成为球体的海卫一，在海王星被发现 17 天以后就被威廉·拉塞尔发现了。与其他大型卫星不同，海卫一运行于逆行轨道，科学家推测它是被海王星俘获的，大概曾经是一个柯伊伯带天体。它与海王星的距离足够近，使它被锁定在同步轨道上，它将缓慢地经螺旋轨道接近海王星，当它到达洛希极限时，将被海王星的引力撕开。海卫一是太阳系中被测量过的最冷的天体，温度为 -235 ℃。海王星是太阳系中神秘而充满魅力的行星之一，无论是其形成的理论，还是其蓝色的外观、丰富多样的大气层、强大的磁场和奇特的轨道，都一直吸引着天文学家和科学爱好者的关注。虽然我们对海王星的了解还很有限，但随着科技的发展和未来探测任务的进行，有望揭示更多有关海王星的神秘之处。

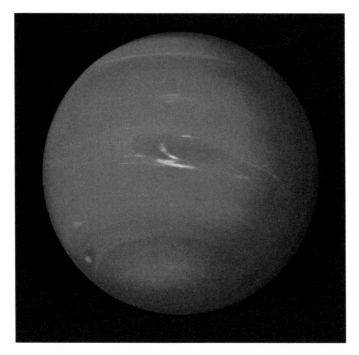

图 3-11 类木行星——海王星
图片来源：NASA

（2）类木行星的特征

① 气体组成：类木行星主要由氢气和氦气组成，这两种元素在宇宙中非常丰富。除了氢和氦，类木行星还可能包含少量的其他气体和化学物质。

② 巨大质量：类木行星的质量通常比类地行星大得多。在太阳系中，类木行星中的木星和土星，它们的质量分别是地球的约 318 倍和 95 倍。

③ 厚厚的气体大气层：类木行星具有浓厚的气体大气层，其中包括多层的大气带、云层和气旋。这些大气层是由行星自身的引力保持的。

④ 缺乏固态表面：与类地行星不同，类木行星没有明确的固态表面。在

类木行星的较高压力下，气体会逐渐转变为液态甚至固态。

⑤ 卫星和环系统：类木行星通常拥有许多卫星（例如木卫一、土卫六等），一些类木行星还可能拥有醒目的环系统（例如土星的环）。

⑥ 内部结构：类木行星的内部通常由气体和液体组成，包括外层的气体大气层、稠密的液体层和可能存在的岩石核心。

3.1.3.3 小行星带

（1）小行星带的概念

小行星带是太阳系中位于火星和木星之间的一个区域，其中包含大量的小行星。它是太阳系行星形成过程中残留下来的物质的遗迹。

① 位置和范围：小行星带位于太阳系内岩石行星的轨道上，位于火星轨道和木星轨道之间。它的宽度大约为 2.2 AU，从太阳到木星的平均距离为 5.2 AU。

② 组成：小行星带主要由小行星组成，这些小行星是太阳系形成早期的残留物。它们的尺寸从几米到数百千米不等，最大的小行星是谷神星，直径约为 940 km。

③ 数量和分布：小行星带中估计有数百万颗小行星。虽然它们非常密集，但它们之间的间隔通常很大，相互碰撞的概率很低。小行星在小行星带中分布不均匀，形成了一些小行星家族，这些家族可能是同一原始小行星的碎片。

④ 原始行星形成：小行星带是太阳系形成过程中未能形成一个较大行星的区域。它的形成可能是由于木星的引力干扰，阻止了原始小行星进一步聚集形成一个较大的行星。

小行星带对于科学研究具有重要意义，它保存了太阳系形成早期的信息。

太空探测器已经对小行星带进行了多次探测，例如美国航空航天局的"独立号"任务和"觅月者号"任务，以及日本的"隼鸟2号"任务。

需要注意的是，尽管小行星带中的小行星数量庞大，但它们的总质量仍然相对较小，估计只占太阳系质量的0.05%。小行星带是太阳系中多样性和演化的重要组成部分，对于研究太阳系形成和行星演化过程具有重要意义。

（2）小行星带的成因

小行星带的成因与太阳系行星形成的过程有关。以下是目前广泛接受的小行星带形成的主要理论。

① 木星的引力干扰：根据这个理论，小行星带的形成与木星的引力有关。在太阳系形成的早期阶段，小行星带中的物质试图聚集形成一个更大的行星，但木星的强大引力干扰了它们的聚集过程。木星的引力扰动导致了小行星带中物质的离散化，阻碍了形成一个大型行星的过程。

② 积聚阻碍：另一个影响小行星带形成的因素是碰撞和积聚阻碍。小行星带中的物质试图通过碰撞和吸积来形成更大的行星，但由于物质间的相互碰撞速度较快，它们往往会破碎成更小的碎片，而无法形成一个大型行星。

③ 早期行星迁移：还有一种理论认为，小行星带的形成可能与早期行星迁移过程有关。根据这个理论，太阳系的行星在形成过程中可能经历了相互之间的迁移。行星的迁移过程会对小行星带中的物质产生干扰，导致物质分散和离散化。

需要注意的是，小行星带的形成机制仍然是科学研究的一个活跃领域，目前还没有完全确定的答案。科学家们通过对小行星带中的小行星的研究、模拟实验和理论建模，力图揭示小行星带形成的细节和具体机制。随着对太阳系和其他恒星系中小行星带的进一步观测和研究，我们可以期待对小行星带形成的理解不断深化。

 拓展阅读

人类对火星的探索[1]

2020 年 7 月"毅力号"火星探测器于美国佛罗里达州升空，从此开始了它的火星之旅。在"毅力号"所降落的杰泽罗陨石坑中，有许多风化的岩石（图 3-12），巧合的是，这些岩石与南美洲的阿塔卡马沙漠中的风化岩几乎一模一样。

图 3-12　"毅力号"拍摄的火星风化岩
图片来源：NASA

---

① 来源：https://baijiahao.baidu.com/s?id=1758629557832210488&wfr=spider&for=pc

阿塔卡马沙漠中的风化岩形成于侏罗纪时期，较为显著的是通过河流冲刷沉淀下来的风化岩。而火星上土壤的干旱程度与阿塔卡马沙漠十分相似，两者又具有高度相似的地貌，这说明火星表面曾很长一段时间有液态水存在。

NASA 于 2011 年发射的"好奇号"火星探测器曾拍到盖尔陨石坑的地表也有大量砂石存在（图 3-13），这进一步说明了火星上存在着古代河床留下来的特征。

这些特殊的类地行星为我们提供了对类地行星多样性的理解，并对地球的特殊性和生命存在的条件提供了一些对比和参考。通过对这些类地行星的研究，我们可以深入探索太阳系中行星的形成和演化过程，以及地球在宇宙中的独特性。

图 3-13 "好奇号"拍摄的火星河床
图片来源：NASA

拓展阅读

小行星带的相关特例

小行星带是一个庞大的区域，其中包含着大量的小行星。尽管如此，有几个小行星带中的特殊小行星值得关注。

（1）谷神星

谷神星（Ceres）是小行星带中最大的小行星，也是唯一一个被国际天文学联合会分类为"矮行星"的天体。谷神星直径约为 940 km，其质量相当于小行星带总质量的约 30%。它拥有圆形的形状和相对较大的质量，因此研究者将其视为小行星带中的一个特殊存在。

（2）小行星带家族

小行星带中存在一些家族，这些家族由原始小行星在过去的碰撞事件中产生的碎片组成。这些家族的成员具有相似的轨道参数和化学成分，表明它们可能来自同一个母体小行星。一些著名的小行星带家族包括埃律阿尔（Eulalia）家族、科尔德拉（Korcula）家族和胡拉（Hulda）家族等。

（3）特殊构造的小行星

小行星带中也存在一些特殊构造的小行星。例如，伊达（Ida）小行星是第一个被探测到有卫星（达克索斯）的小行星。另一个例子是埃吉娅（Eugenia）小行星，它是第一个被发现有一个小行星对（佩特鲁奇奥斯）的天体。

这些特殊的小行星提供了对小行星带中多样性的了解，并为科学家们研究太阳系形成和演化过程提供了重要线索。通过对这些小行星的观测和探测，我们可以揭示小行星带中小行星的起源、结构和演化历史。

3.2 行星形成假说
The hypothesis of planetary formation

• 3.2.1 NICE 模型

NICE 模型是一个描述太阳系早期巨行星迁移的天体动力学模型。这个模型是在 2005 年由位于法国尼斯天文台的一组天文学家提出的，因此被命名为"NICE 模型"。

（1）该模型提供了一种机制来解释以下观测事实：

① 小行星带的结构和分布；

② 太阳系外部的柯伊伯带对象的存在和轨道特性；

③ 已知的外太阳系卫星的不同特性；

④ 某些类行星之间的共振关系，如海王星和冥王星的 2：3 共振关系。

（2）NICE 模型的主要内容

① 初始状态：太阳系形成后不久，四个巨行星（木星、土星、天王星和海王星）形成在一个紧密的配置中，远离一个外部的冰岩小行星盘（预先存在的小天体区域）。

② 巨行星的轨道迁移：由于与冰岩小行星盘中的小天体的相互作用，巨行星开始轨道迁移。最初，天王星和海王星向外迁移，而木星则向内迁移。

③ 土星与木星的 2 : 1 共振交叉：当土星和木星的轨道周期的比值接近 2 : 1 时，这两个巨行星的重力相互作用导致了它们的快速轨道迁移，并引发了一个连锁反应，使天王星和海王星被抛入冰岩小行星盘中。

④ 冰岩小行星盘的瓦解：天王星和海王星进入冰岩小行星盘后，大量的小天体被抛入太阳系内部，导致了晚期重轰炸。这一阶段可能解释了月球和其他内太阳系天体上观测到的古盆地。

⑤ 巨行星的最终配置：通过与小天体的重力相互作用，巨行星最终到达了它们现在的轨道位置。

NICE 模型是一个重要的理论成果，因为它提供了一种机制来解释许多太阳系的观测特性。然而，这个模型在其初步形式中也有一些局限性，这促使了后续的模型创建和修正，如"NICE 2"模型和"跳变迁移"等。

• 3.2.2 类地行星的形成

从大量星子形成开始，类地行星的形成主要有三个阶段：

（1）迅猛增长：最初，星子间黏滞搅拌和气体拖曳的平衡决定了速度分布，导致一小部分星子迅速增长。

（2）寡头增长：当最大的星子导致的黏滞搅拌速率首次超过其他星子间搅拌速率时，迅猛增长停止。此后更强的黏滞搅拌将导致平衡时星子的偏心率和倾角增大，限制了原行星引力作用的散射截面，星子增长将由局域过程主导。

（3）最终当寡头清出周围物质后，它们的独立增长停止。接下来发生引力主导的寡头间的碰撞和散射，最终形成类地行星。

不过，N 体数值模拟显示，最后阶段需要至少 10 个百万年才能完成（图 3-14、图 3-15）。

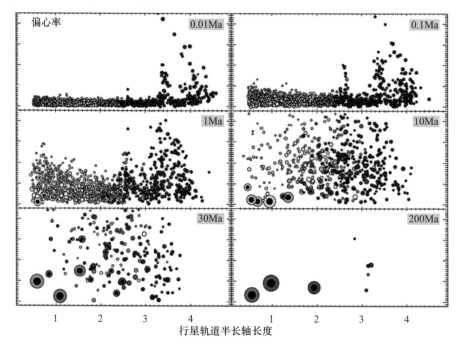

图 3-14　星子的增长图示

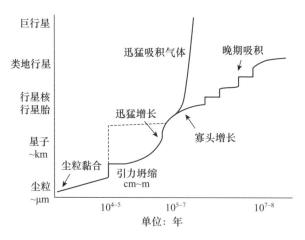

图 3-15　星子的增长曲线

• 3.2.3 气态行星的形成

按理说,木星、土星、天王星、海王星这4颗类木行星也能适用这样的过程,但实际上科学家在进一步研究后发现,太阳系的这4颗类木行星的形成,拥有更多的不确定性。类木行星的形成大概有三种理论,分别为: 核心吸积理论、引力不稳定理论、类木行星外围迁移理论。

核心吸积理论的方向与类地行星形成理论方向相同,在离太阳星云中心5 AU 以外的空间范围,其温度比较低,可以形成大量的冰质颗粒,并且数量要远远大于该位置的金属、岩石颗粒,因为宇宙中的氢元素、氦元素、氮元素、氧元素等肯定要比金属等重元素多。而这些冰质颗粒通过不断的吸积过程,很快就能形成大质量的原行星(相比于类地行星主要是由金属、岩石等颗粒组成,这里的原行星也可以吸收大量的金属、岩石颗粒,但冰质颗粒吸收得更多)。这些原行星就是日后类木行星的核心(图 3-16)。

图 3-16 核心吸积理论解释类木行星的形成
图片来源：NASA

大质量的原行星可以毫无障碍地凭借自身强大的引力，吸收太阳星云中大量的气体成分，这些气体日后就成为类木行星的大气。四颗类木行星都拥有以氢元素、氦元素为主的厚厚大气。

为了解决核心吸积理论的缺陷，科学家们又提出了另一种形成理论，称为引力不稳定理论（图3-17）。该理论认为，类木行星的形成与太阳系形成类似，在太阳星云收缩过程中，由于一开始星云内部密度分布不均匀，因此太阳星云内部出现了独立收缩过程，也就是说在太阳星云收缩的中心产生太阳，而其中的一小块星云也独自收缩形成了类木行星，太阳的周围产生了类地行星环绕，而类木行星周围也产生了大量的卫星环绕。

该理论也存在弊端。按照引力不稳定理论的设想，类木行星所拥有的巨量气体应该在太阳爆发强大的"太阳风"之前积聚完毕。

图3-17　引力不稳定理论解释类木行星的形成

图片来源：NASA

20 世纪 80 年代，有一些科学家提出了类木行星的外围迁移理论（图 3-18），即类木行星是从外围轨道迁移进入目前轨道位置的，而造成迁移的原因是木星在原有位置运行时，会与大量的星际尘埃和气体发生摩擦，因此运行轨道会发生一定程度上的偏转，时间一长，就有可能进入内侧，拉近与早期太阳之间的距离。

图 3-18 外围迁移理论解释类木行星的形成
图片来源：NASA

该理论的依据在于，在 20 世纪末，科学家在分析了"伽利略号"木星探测器传回的木星大气数据后，发现木星大气中的氮元素、氩元素、氙元素等浓度要比理论值高很多，理论上认为木星大气中的气体主要由星子碰撞合并后所吸附周围星云气体所致，而在木星轨道位置的温度决定了气体内所含元素的大致浓度，但现在的客观事实与理论发生冲突，因而科学家需要一种新的假说来解释这一现象，即认为木星的形成区域并不在当前位置，而至少是位于现在的柯伊伯带以外。

截至目前，我们已经给出了三种类木行星的形成理论，至于哪一种是正确的，或者说都不正确，目前还没法给出确切的答复。

3.3 地球形成与后增薄层假说
Hypothesis of formation and post-thinning of the Earth

自古以来，人们对地球的起源做了种种探索。中国古代有盘古开天辟地的神话，国外流行上帝耶和华创造太阳、地球的传说。自 18 世纪以来，法国生物学家布丰在他的《彗星碰撞理论》中打破神学的束缚，以此为基础，人们开始对地球起源进行科学的探索，关于如何形成地球的学说才百花齐放起来。

地球本身是由撞击和吸积众多星子增生而形成的，所以在研究一些复杂的地质难题时，不管是在地球早期（撞击频繁）还是晚期（撞击相对不频繁），地外撞击因素是不能忽略的。

近 30 年来，"后增薄层假说"一直是人们了解地球早期历史和人类起源的主导范式。

• 3.3.1 后增薄层假说的主要内容

该假说认为，地核形成即核幔分异完成后，陨石频繁撞击地球，使占现在地球质量 0.5% ～ 1% 的球粒陨石物质加入地幔中，造成地幔增生，也形成现在地幔中铂族元素的丰度和比值特征。

• 3.3.2　后增薄层假说的证据

（1）地幔中强亲铁元素的含量高于高温高压实验的预测值约 200 倍

铂族元素（PGE），又称为铂族金属，包括铂（Pt）、钯（Pd）、铑（Rh）、铱（Ir）、锇（Os）、钌（Ru）6 种稀有金属。这类元素在地幔中含量极低［地幔中铱含量约为 3.2 ppb（1 ppb 为 10^{-9}）］，但在陨石中含量较高（表 3–1）（例如铱元素在 CI 型球粒陨石中的含量约为 445 ppb）。

通过测定的 PGE 在铁金属 / 硅酸盐熔体相的分配系数分别高达 10^7（Pd）和 10^{12}（Pt 和 Ir）量级，所以 PGE 主要应该富集在地核，而在由硅酸盐构成的地幔和地壳中丰度是十分低的。那要怎样来解释地幔中检测到的铂族金属元素呢？

表 3–1　CI 球粒陨石和原始地幔中 PGE 元素的丰度

元素	CI 球粒陨石				原始地幔	
	1995	1993	1989	1979	1995	1988
Ru	710	714	712	690	5.0	5.6
Rh	130（140a）	140a	134	200	0.9（1.0b）	1.6
Pd	550	556	560	545	3.9	4.4
Re	40	38.3	36.5		0.28	
Os	490	486	486	514	3.4	4.2
Ir	455	459	481	540	3.2	4.4
Pt	1010	994	990	1020	7.1	8.3
Au	140	152	140	152	1.0	1.2

（2）地幔中强亲铁元素的相对含量与陨石值接近

通过对比地幔中强亲铁元素的相对含量（即元素含量之间的比值）与陨

石值之间的关系，我们发现，对球粒陨石和地幔样品来讲，Ru、Rh、Pd、Os、Ir 和 Pt 等贵金属元素的含量比值在一定程度上是相同的。

这一观测结果导致了许多假设的发展和检验，以解释这种明显的差异。经过漫长的发展，多方认为，强亲铁元素在核幔分异时全部进入了地核，现在地幔中的强亲铁元素是陨石带来的，这就是所谓的"后增薄层假说"。

此外，与上文结论一致，地幔中亲铁元素的相对丰度也与原始陨石的一致，如碳质球粒陨石，它们并未经历任何向金属相或硅酸盐相的分异过程。

地球的元素组成

地球是我们的家园，相比太阳系中的其他行星，地球有大气保护层，有水，还有生命。到目前为止，我们并没有在太阳系的其他行星上检测出生命的迹象。为何同样在太阳系当中，只有地球可以孕育出生命？地球具有什么物质成分？这些物质的各种化学元素，其相对平均含量是多少？它们在地球的主要层壳中是怎样分配的？

（1）地壳的元素化学成分

地球由地核、地幔、地壳三层组成，其中地壳是固体圈层的最外层（图3-19）。根据地球化学分析，地壳中自然存在的化学元素有90多种，其中存在量较大的元素有 O、Si、Al、Fe、Ca、Na、K、Mg、H 等12种元素。这些元素的量决定了地壳各区域的物理、化学性质，它们组成了地壳的各种岩石，所以被称为"造岩元素"，又称"常量元素"。

而其余 80 多种元素的总量极少,它们在地壳中的丰度均在 0.1% 以下,
故称之为"微量元素"(图 3-20)。

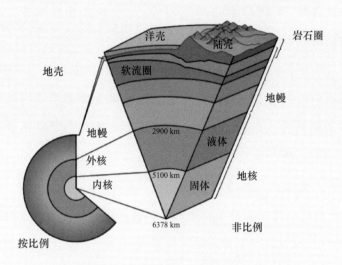

图 3-19 地球的圈层结构

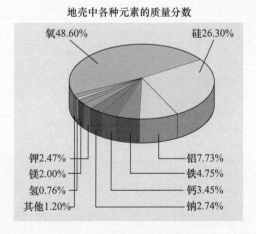

图 3-20 地壳中元素组成

陆地上的地壳主要由长石和石英等矿物组成，主要成分是氧、硅、铝元素（表3-2）。地壳中含量最高的元素是氧，占约48.6%（质量分数），其次是硅，占约26.3%，铝占约7.73%，比铁的含量几乎多1倍，大约占地壳中金属元素总量的1/3。

不过，绝大多数元素，包括人类生活所需的许多金属和非金属在内，它们在地壳中的平均含量都十分小。就算是地壳中含量较高的元素，也无法达到工业生产的要求。不过，这些化学元素在一定的地质条件下可以形成天然化合物或单质，即矿物。矿物在地球上分布广泛，与人们关系密切，是人类生产和生活的重要物质来源之一。

不同区域的地壳中，所含化学元素也有所差别。地壳的平均厚度约为17 km，大洋和大陆地壳区别较大：大陆地壳厚，平均厚度约为33 km，地壳岩石中硅、铝、钾、钠成分较多；而大洋地壳较薄，厚度只有5～8 km，地壳岩石中硅、铝、铁、镁成分较多。

大陆地壳也分为不同的圈层，其中上层化学成分以氧、硅、铝为主，平均化学组成与花岗岩相似，称为花岗岩层，亦有人称之为"硅铝层"。下层富含硅和镁，平均化学组成与玄武岩相似，称为玄武岩层，也有人称之为"硅镁层"。

表3-2　地球及其层壳的元素丰度
（单位：g/t）

原子序数	元素符号	地壳	上地幔	下地幔	地核	地球
		a	b	c	d	e
1	H	1400	780	480	30	370
2	He	1.6×10^{-5}	1.9×10^{-6}	1.7×10^{-8}	1.0×10^{-7}	6.3×10^{-7}
3	Li	21	4.1	0.5	–	1.4
4	Be	1.3	0.2	0.2	–	0.2

续表

原子序数	元素符号	地壳 a	上地幔 b	下地幔 c	地核 d	地球 e
5	B	7.6	2	1	–	1
6	C	2800	100	100	720	300
7	N	18	10	6	–	7
8	O	4.6×10^5	4.3×10^5	4.2×10^5	–	2.9×10^5
9	F	450	170	100		90
10	Ne	7×10^{-5}	1.1×10^{-5}	1.1×10^{-5}	1.0×10^{-5}	1.1×10^{-5}
11	Na	23000	9100	5700	–	4900
12	Mg	2.8×10^4	2.1×10^5	2.6×10^5	1.9×10^2	1.6×10^5
13	Al	83000	25000	4500	40	9100
14	Si	2.9×10^5	2.0×10^5	1.9×10^5	40	1.3×10^5
15	P	1200	530	170	2500	1000
16	S	400	150	100	1.2×10^5	3.8×10^4
17	Cl	280	50	50	–	35
18	Ar	0.04	0.02	0.01	0.01	0.01
19	K	17000	2300	300	–	830
20	Ca	52000	22000	7000	300	9200
21	Sc	18	10	5	–	4.8
22	Ti	6400	2500	300	60	840
23	V	140	80	40	3.6	40
24	Cr	110	1600	2000	660	1500
25	Mn	1300	1600	1500	360	1200
26	Fe	5.8×10^4	9.5×10^4	9.8×10^4	8.2×10^5	3.2×10^5
27	Co	25	160	200	420	260
28	Ni	89	1500	2000	4.8×10^4	1.6×10^4
29	Cu	63	40	20	390	140
30	Zn	94	60	30	680	180
31	Ga	18	6.5	2	20	10
32	Ge	1.4	1.1	1	310	100
33	As	2.2	0.9	0.5	620	200
34	Se	0.08	0.05	0.05	40	13
35	Br	4.4	1.1	0.5	0.6	0.7
36	Kr	–	1.0×10^{-6}	2.0×10^{-6}	4.0×10^{-6}	2.3×10^{-6}
37	Rb	78	2.6	2		1.8

续表

原子序数	元素符号	地壳	上地幔	下地幔	地核	地球
		a	b	c	d	e
38	Sr	480	120	10	–	40
39	Y	24	5	0.5	–	1.7
40	Zr	130	50	30	5	28
41	Nb	19	6	1	0.1	2.1
42	Mo	1.3	0.6	0.2	14	4.4
43	Tc	–	–	–	–	–
44	Ru	0.001	0.1	0.1	16	5
45	Rh	0.001	0.02	0.02	3	1
46	Pd	0.01	0.09	0.12	5.5	1.8
47	Ag	0.08	0.06	0.05	10	3.2
48	Cd	0.2	0.08	0.05	17	5.4
49	In	0.1	0.06	0.01	0.5	0.2
50	Sn	1.7	0.8	0.5	70	22
51	Sb	0.6	0.1	0.1	4.3	1.4
52	Te	0.0006	0.001	0.001	0.52	0.16
53	I	0.6	0.1	0.01	0.4	0.16
54	Xe	–	1.8×10^{-7}	2.5×10^{-7}	6.5×10^{-7}	3.5×10^{-7}
55	Cs	1.4	0.3	0.1	–	0.09
56	Ba	390	76	1		23
57	La	39	0.7	0.4	–	0.5
58	Ce	43	1.1	0.7	–	0.8
59	Pr	5.7	1	0.1	–	0.3
60	Nd	26	5	0.8	–	1.7
61	Pm	–	–	–	–	–
62	Sm	6.7	1.3	0.3	–	0.5
63	Eu	1.2	0.3	0.01	–	0.09
64	Gd	6.7	1.2	0.6	–	0.6
65	Tb	1.1	0.2	0.07	–	0.09
66	Dy	4.1	0.5	0.05	–	0.2
67	Ho	1.4	0.2	0.1	–	0.1
68	Er	2.7	0.5	0.3	–	0.3
69	Tm	0.25	0.05	0.05	–	0.02
70	Yb	2.7	0.5	0.3	–	0.3
71	Lu	0.8	0.15	0.05	–	0.07

续表

原子序数	元素符号	地壳	上地幔	下地幔	地核	地球
		a	b	c	d	e
72	Hf	1.5	0.3	0.1	–	0.1
73	Ta	1.6	0.1	0.01	0.06	0.06
74	W	1.1	0.3	0.1	4.9	1.7
75	Re	5×10^{-4}	7×10^{-4}	7×10^{-4}	5.3×10^{-3}	2.1×10^{-3}
76	Os	0.001	0.05	0.05	8	2.6
77	Ir	0.001	0.05	0.05	2.6	0.8
78	Pt	0.05	0.2	0.2	13	4.2
79	Au	0.004	0.005	0.005	2.6	0.8
80	Hg	0.08	0.01	0.01	0.008	0.009
81	Tl	0.4	0.06	0.01	0.12	0.06
82	Pb	12	2.1	0.1	42	13
83	Bi	0.004	0.0025	0.001	1.1	0.35
84	Po	0.001	–	–	–	–
85	At	–	–	–	–	–
86	Rn	–	–	–	–	–
87	Fr	–	–	–	–	–
88	Ra	–	–	–	–	–
89	Ac	–	–	–	–	–
90	Th	5.8	0.75	0.005	0.024	0.24
91	Pa	–	–	–	–	–
92	U	1.7	0.13	0.003	0.003	0.045
质量占比 / (%)		0.4	27.7	40.4	31.5	100.0

* 下地幔和地核的元素丰度均为估计值，具有较大的不确定性。

（2）地幔的元素化学成分

地幔是地球内部的一层厚厚的、热的、固体的岩石层。地幔大约开始于地表以下 30 km，厚约 2900 km，占据了地球半径的近一半，质量占地球质量的 2/3。

橄榄石是地幔中主要矿物相，其质量分数超过 60%。地幔主要是镁、硅、铁和氧的混合物。

参 考 文 献

1. COLE G H A， WOOLFSON M M. Planetary Science: The Science of Planets around Stars[M].Second Edition. Roca Raton:CRC Press，2013.

2. 储雪蕾，孙敏，周美夫.化学地球动力学中的铂族元素地球化学 [J].岩石学报，2001，17（01）:112—122.

3. 付晓辉，欧阳自远，邹永廖.太阳系生命信息探测 [J].地学前缘，2014，21（01）:161—176.

4. 侯渭，欧阳自远，谢鸿森，胡桂兴.太阳星云凝聚过程的岩石学模型 [J].岩石学报，1996，12（03）:462—470.

5. 黎彤.化学元素的地球丰度 [J].地球化学，1976（03）:167—174.

6. 林杨挺.月球形成和演化的关键科学问题 [J].地球化学，2010，39（01）:1—10.

7. 王道德，王桂琴.普通球粒陨石的物理和岩石学性质及其分类参数 [J].地球化学，2011，40（01）:35—44.

8. 王道德.中国陨石导论 [M].北京:科学出版社，1993.

9. 王建柱.誓圆嫦娥奔月梦: 访中国月球探测首席科学家欧阳自远 [J].科学与文化，2005，（12）:38—39.

10. 汪品先，田军，黄恩清，等.地球系统与演变 [M].北京:科学出版社，2018.

11. 杨建业.元素在不同自然体系的分布:偶数规则之后，还有一个普遍

规律：以类地行星为例 [J]. 地球科学，2021，46（07）：2341—2350.

12. 张思远. 常见的难熔包体矿物学特征分析 [J]. 世界有色金属，2020（02）：262—263.

13. 张玥. 月球表面地形数据分析及仿真研究 [D]. 长沙：国防科学技术大学，2008.

14. 周琴，吴福元，刘传周. 月球同位素地质年代学与月球演化 [J]. 地球化学，2010，39（01）:37—49.

15. 周增坡，程维明，周成虎，等. 基于"嫦娥一号"的月表形貌特征分析与自动提取 [J]. 科学通报，2011，56（01）:18—26.